Mille Crepe Cake

鄭清松手作法式千層蛋糕

鄭清松／著

滿足味蕾、傳達心意　無法抵擋Mille Crepe Cake的層層魅力

Preface

　　法式千層蛋糕除了皮、餡的層疊，還能有什麼樣的花樣變化？一定有不少人好奇，法式千層蛋糕的可能與想像！

　　提及大眾熟知的法式千層蛋糕（Mille Crepe Cake），讓人直接聯想到的不外乎是一層皮、一層餡堆疊至一定厚度簡單成型的甜點。雖說外觀樸實，不同其他甜點的華麗，然而，簡簡單單的薄餅交疊，口味變化卻是無限大，口感更是不同凡響，甚至還被發揚光大，成為舉世聞名的人氣甜點。

　　在書中，將法式千層蛋糕做三大類的規劃，從基本最為大家熟悉的經典風味，到結合各式元素的進階千層，以及時髦又展現獨特創意的延伸；其中不只有多種風味的教作，還有精心打造的創意風格……像是夏洛特、彩虹藏心、毛巾千層卷等，看似蛋糕又非蛋糕的美味甜點，這些全都是以千層為基底的創意手法延伸，簡單又富創意，滿足味蕾，更是顛覆千層的美味想像。

　　由於只需反覆重疊即可，無需費心雕琢外型，方便又簡單，就算初學者也能學到位、順利完成；加上準備起來容易，各種應用與變化款照著做都能完成，對於喜愛親子烘焙的媽媽們也非常適合，是能滿足任何階層的手作甜點。

　　本書是以法式千層蛋糕為主軸，但也有各種以千層為底變化出的創意甜點，大家可就自己喜愛，或依照需求製作，分享傳遞給所愛的家人朋友，藉以享受製作法式千層蛋糕的樂趣與魅力。

鄭清松

CONTENTS

Chapter1

絕美比例！人氣經典風

Chapter2

進階升級！華麗食尚風

Chapter3

挑戰變化！驚豔創意風

Column

法式千層蛋糕！

無法抵擋Mille Crepe Cake的層層魅力

近年在甜點界中最吸引眾人目光的應非「法式千層蛋糕Mille Crepe Cake」莫屬了。結合法國傳統點心（法式薄餅Crepe）與精緻甜點的法式千層，以薄如紙藝的層疊手藝，迅速竄紅風行全球。

層層堆疊的法式千層蛋糕（Mille Crepe Cake），並非「蛋糕體」，有別於源起法國的家常點心法式薄餅（Crepe），也不同於脆硬的可麗薄餅，而是以一層薄餅、一層內餡交疊成的千層薄餅。

法式千層蛋糕相較於傳統法式點心薄餅，口感更加獨特厚實，Q軟有勁的黃金比例，與香氣迷人的內餡，堆疊成綿密細緻的滋味。俐落流線的外型有著令人著迷的時尚感，美麗層疊的外表，細緻的紋理層次，一點也不輸其他花俏蛋糕，此外，可展現無限創意的搭配組合，更是令人驚豔不已。

光看外表，或許會感覺工序很艱鉅，但無需烤箱的千層，整體的製作其實非常簡單、容易，只需用耐心層疊就能完成，哪怕是新手也能盡情嘗試，做出屬於自己的千層風味…

請務必試試層疊出法式千層的迷人魅力。

法式千層薄餅的基礎

若能熟練基本麵糊、內餡製作，煎製、層疊的方式，就可以試著運用各式材料做組合搭配了，就這麼簡單。拌合材料，餅皮、組合等製作步驟都非常容易，幾乎所有法式千層都是這樣完成的。

首先，就從基本的材料與做得美味與否的訣竅開始，只要做好事前作業，按照步驟確實做到，一定可以完成所有美味的法式千層，除此之外，請務必也要試試，挑戰一下變化的造型裝飾！

北海道十勝
フレッシュ
ホイップ

【北海道十勝産生クリーム100%使用】
（クリームに占める割合）
1000ml
要冷蔵(0℃〜7℃)

製造年月日
賞味期限(開封前)
18.03.31
18.06.29
AKBG

Hokkaido Tokachi

9

法式千層的基本材料

千層薄餅的材料不繁複，將材料攪拌均勻，用平底鍋煎熟、夾餡就可以了，材料單純，作法簡單，加上夾層內餡，口感層次美味多變化，美味又不困難。

- **低筋麵粉。** 書中的麵糊多使用麩質含量少、黏性較低的低筋麵粉來調製，為求口感也可搭配中筋或高筋麵粉使用，口感會偏Q硬。

- **細砂糖。** 增加甜味的主要材料，書中以細砂糖為多，但有時候會因為配料食材的不同而混用糖粉、搭配蜂蜜、楓糖等。

- **奶油。** 若無特別的標示，務必使用無鹽奶油，使用時會先將奶油融化後再使用。

- **液態油。** 以無特殊氣味的液態油（沙拉油）較適合，若是氣味強烈的花生油等則不建議。

- **全蛋。** 蛋能使餅皮柔軟膨鬆，並能增添蛋香風味與色澤。

- **鮮奶。** 使用乳脂成分高的新鮮鮮奶或保久乳，增添濃醇乳香風味。

新鮮藍莓

提升美味的裝飾配料

綿密相疊的法式千層，有著不同凡響的口感，講求餅皮與夾層餡中取得完美的平衡外，加入當季的水果、莓果類或焦糖、巧克力、堅果…運用各種材料、手法變化搭配，又是口味豐富多變的美味組合。

鹽漬櫻花

＊ 浸泡水去除鹽分後使用。

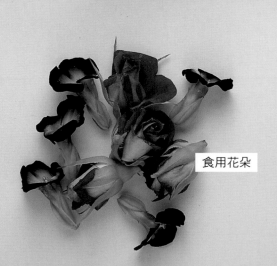

食用花朵

新鮮草莓

 開心果碎粒

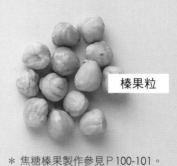 彩色糖珠

 可可碎粒

＊製作參見 P 48-49。

 葵瓜子

 榛果粒

 南瓜子

＊焦糖榛果製作參見 P 100-101。

 薰衣草花茶

 深黑巧克力

 白巧克力

＊書中使用的巧克力，為喜夢（CÉMOI）
　調溫系列深黑、牛奶、白巧克力。

 杏仁片

 抹茶酥菠蘿

 棉花糖

＊製作參見 P 102-103。

＊製作參見 P 102-103。

做得好吃的美味祕訣

看似簡單不花俏的法式千層蛋糕，除了基本的外型工整，煎好厚薄、色澤一致薄餅皮之外，用料、內餡細膩更是決定美味的重要關鍵；這裡從配備工具到完成的重點說明，教您掌握訣竅，製作出專業級的絕美風味。

19cm

27cm

硬膜磁化平底鍋

配備工具——平鍋底

不需要使用特別的工具，除非特殊狀況需求，否則只要用家中常備的器具與平底煎鍋就能製作。本書中使用的有二種，分別為煎製7寸使用的硬膜磁化平底鍋（10英吋，直徑約27cm），以及煎製6寸餅皮使用的平底鍋（直徑約19cm）。推薦選用不需另外抹油，麵糊不易沾黏的硬膜磁化平底鍋較佳。

1 事前的準備作業

融化奶油

材料中標示的融化奶油，指的是隔水加熱或用微波加熱，融化成液態的奶油。將材料中的奶油放入耐熱容器中，以微波加熱約10秒左右使其融化；或將奶油以小火加熱融化至成微焦琥珀色、濾除浮沫後做成帶有堅果香氣的焦香奶油使用。

過篩粉類

所有的粉類除有特別說明外，一律都要過篩後使用。由於粉類容易因受潮而有結顆粒的情形，透過過篩可去除結粒外，也能讓粉類飽含空氣，變得蓬鬆輕盈，能與基底的材料充分融合，減少顆粒的產生。不過粉末會因放越久吸收的濕氣越多，因此通常篩粉的作業會在準備工作的最後或是使用前再操作。

加熱釋出香氣

部分像是粉末茶類、咖啡粉等帶特殊香氣風味的食材，原則上與其他粉末一起使用混拌即可，但為求風味能完全的釋放，建議可與乳製品稍加溫熱後使用，味道會更佳。

2 製作餅皮麵糊

材料混拌

製作雖然簡單，但混合調拌的方式也有須注意掌握的小訣竅，像是混合攪拌的動作不要太過強烈，會產生許多氣泡；混拌加入粉類後，不須要過度攪拌，只要將材料混合至無粉類粒、不沉底的程度就OK。另外變化餅皮的風味時（如，抹茶粉、紅茶粉…），風味粉末最好與鮮奶一起加熱煮沸，讓味道充分釋出，風味會更佳，這些都是美味餅皮製作要注意的小細節。

書中的麵糊主要有搭配奶油以及使用沙拉油的配方，添加奶油麵糊，混拌後至少要冷藏靜置1-2小時；若是添加沙拉油的麵糊，則不需鬆弛太久，大約30分鐘後就可直接煎製使用。

★薄餅類型

添加融化奶油	添加沙拉油
· 口感濕潤軟嫩。	· 口感Q彈柔軟。
· 餅皮柔軟有彈性，較不好拿取。	· 餅皮軟嫩易破裂，較好完整取下。
· 製作好的麵糊冷藏靜置1-2小時；或冷藏鬆弛隔天使用。	· 製作好的麵糊室溫靜置30分鐘即可使用。

冷藏鬆弛

攪拌好的麵糊一定要鬆弛，特別是添加融化奶油

類的麵糊，最好是在前天備製好，用保鮮膜覆蓋密封、冷藏靜置，隔天使用（至少1-2小時），讓麵筋充分鬆弛，煎製好的餅皮較不易回縮，且麵粉在充分吸收水分後，能使得麵糊更加均勻、無粉粒，麵糊質地會更為濃稠滑順，可提升餅皮組織綿密細緻度，成製的餅皮細膩、口感也更好。

3 煎製餅皮

煎製餅皮

麵皮要煎得平整、厚薄、大小一致，除了使用定量的麵糊外，注意煎製時火候一定要弱且平均，色澤才會漂亮。以不沾的硬膜磁化平底鍋（不需刷油）為例，用中火預熱後，舀入定量麵糊（約30g），迅速旋轉晃動鍋子，讓麵糊均勻布滿鍋面，再轉稍弱的中小火煎至麵皮漸漸凝固、表面略上色（可輕易離鍋），周圍邊緣的餅皮會開始收乾而翹起、微焦，即可用竹筷輔助（或用鍋鏟）就麵皮邊緣掀起、翻面，繼續煎至表皮呈虎斑紋色澤盛起。

→煎餅皮時火候一定要弱，才不會有周圍已過焦，中心麵糊還沒熟的狀況。

→麵糊份量不多熟得快，見麵糊不再濕潤出現微深色紋路，邊緣不再黏著鍋即可翻面。

每片麵糊由於用量不多，麵糊凝固快速、熟得快，因此鍋中的麵糊若不再濕潤、出現微深色紋

路，邊緣不再黏著鍋即應翻面續煎，不要煎過頭否則容易乾裂。煎好的餅皮可盛出至鋪放保鮮膜的平盤上、攤平放涼，若有皺折冷卻後再拉平整會很容易破裂。

→可利用筷子就麵皮邊緣掀起翻面非常方便。

剛開始的前幾張薄餅，可作為「養鍋（讓鍋內溫度平均穩定）」之用，此時色淺且容易破裂係屬正常現象，溫度穩定後，餅皮會呈現顯著的金黃色紋路，色澤好看、口感也越佳。

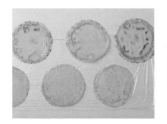

→煎好的餅皮要攤平放涼，若有皺折冷卻後再拉容易破裂。

餅皮厚度＆口感

餅皮厚度可依個人喜好決定，但也不宜太厚重，傳統上薄餅以薄如紙、可透光且保有水分與濕度為原則。薄餅皮口感較為Q彈，稍厚餅皮因組織密度較大，飽水度相對高，整體的口感顯得較為濕潤。

煎好的薄餅邊緣會帶有如波浪般微翹的自然現象，若想更整齊劃一可使用圓形模框加以壓切，裁除圓邊的部分再使用，會顯得平整。

煎好的餅皮，可攤平置放保鮮膜上，表面再覆蓋一層保鮮膜，就可以避免表面變得乾燥。每層皮之間確實隔開，特別是邊緣容易風乾的部分也要包覆住，這樣才能避免口感變得乾燥。

→完成的餅皮攤平、待冷卻後，可用保鮮膜覆蓋、密封，冷藏，提升餅皮組織綿密度，口感會更佳。

4 製作內餡

薄餅內餡

法式千層的夾層內餡，除了基本的卡士達餡、鮮奶油香緹、奶油餡等口味外，依據不同風味的需求，還有各種變化，例如以原味基底添加果泥、結合風味粉料等。由於是多層的堆疊，階層數越多相對越厚重，容易有塌、滑的現象，在調製內餡時要注意避免過於稀軟，可就質地略調硬些。

餅皮層數＆內餡比例

薄餅堆疊的層數與內餡比例，取決薄餅的厚度與內餡的多寡，或者整體營造的口感。常見的法式千層無夾層餡料的約在35-40層之間；有夾層餡料的則層疊約介於22-28左右。餅皮煎得越薄層數即可增加，相對地疊層起來的口感也會越紮實。

5 疊層（夾餡）組合技巧

疊層時底部可使用甜點專用紙板，鋪放第一層餅皮，以抹刀均勻薄抹內餡，再疊上一層餅皮、一層夾餡，依此重複動作，往上堆疊至全部堆疊完成。夾層餡中，若想搭配其他變化，除了口味營造的考量，更要顧及整體平衡，以及每層水平的一致性，

才不會有不穩傾斜坍塌，或者紋理不美觀的情形。常運用的夾層用料，包含柔軟度佳的水果，如莓果、香蕉、芒果、奇異果，或者口感Q軟的布丁、果凍等。

→完成度較為完美的麵皮，可利用在最上層部分使用，更加美觀。

→莓果類、香蕉、芒果等，這些帶有些特殊口感、些許清新酸甜滋味的新鮮水果都很適合。

　　至於完成的千層，為防止餅皮的口感變得乾燥，可用保鮮膜確實包覆，冷藏1-2小時定型，讓餅皮與內餡更緊密結合，不僅風味更好，也可方便分切，能保持較漂亮的切面。

→用保鮮膜封好、冷藏約1-2小時，讓千層更定型方便切片。

6 提升美味的裝飾技巧

　　千層蛋糕的厚度層次十足，不僅口感紮實濃郁，外型也相當美麗，定型分切、享用即可；若做想做

不同的造型變化，完成時再篩灑糖粉，又或淋醬、塗抹，以簡單的裝飾手法，立即能讓美味升級！

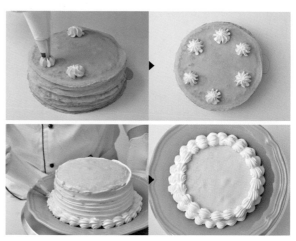

→奶油擠花。奶油擠花是千層蛋糕的變化妝點，能讓千層蛋糕更加華麗。擠花袋裝上花嘴，將準備好的奶油餡、打發鮮奶油裝入袋中，輕巧的完成奶油擠花或抹面裝飾。

7 美味的賞味時機＆保存

　　絲絹般口感的千層蛋糕，是以薄餅搭配濕潤內餡層疊，為了確保最佳風味，建議冷藏，並於1-2日的最佳賞味期內儘早食用完畢，以確保美味口感。

→市售的透明塑膠圍邊紙。

→切片的千層可用圍邊紙固定，可防護固定維持外型，也能避免乾燥。

從黃金比例的千層餅皮開始吧！

千層餅皮的口感軟Q，主要是以蛋、低筋麵粉、鮮奶、砂糖和奶油調製成，熟練基本的煎製，搭配內餡，就可以疊層組合了，簡單美味又多變，這裡就從基本的麵皮開始，再教您調整麵糊口味和夾層內餡，從基本口味到各式鹹甜變化，創意美味無限！

BASIC

千層麵糊A

特色：鮮奶、液體含量高，餅皮軟嫩
► 6寸，直徑 19cm、22 片份
► 7寸，直徑 22cm、15 片份

INGREDIENTS

Ⓐ 全蛋 165g　　Ⓑ 鮮奶 340g
　 細砂糖 30g　　　 融化奶油 55g
　 柳橙皮屑 2g　　 低筋麵粉 113g
　　　　　　　　　 干邑橙酒 25g

HOW TO MAKE

前置作業

01 奶油微波加熱約10秒融化（或小火加熱融化，立即離火）。

02 低筋麵粉過篩均勻，成製的餅皮細緻度才會高。

03 柳橙（或黃檸檬）洗淨刨取表層皮屑。

POINT
檸檬皮白色部分會苦，只要刨取黃色部分即可。

製作麵糊

04 蛋、細砂糖攪拌至糖融化，加入融化奶油混合攪拌，倒入鮮奶拌勻。

05 加入粉類、柳橙皮屑，加入干邑橙酒。

06 用打蛋器攪拌至無粉粒。

07 用細網篩過篩消除大泡泡,讓麵糊更加細緻。

08 用保鮮膜覆蓋密封,冷藏靜置1-2小時(或前天打好冷藏,隔天使用,可使麵糊質地會更為濃稠滑順,提升餅皮組織綿密細緻度,口感更好)。

POINT
取出的麵糊使用前要攪動一下再使用。

煎製餅皮

09 不沾平底鍋,不需刷油,中火加熱,舀入定量的麵糊(約30g)。

POINT
可滴入適量的麵糊做測試,待麵糊能迅速凝固成餅皮代表熱度已夠,即可開始。初期的2-3張餅皮先用來養鍋(讓鍋子溫度平均穩定)。

10 迅速旋轉晃動平底鍋,使麵糊均勻分布於表面(控制完成厚度)。

11 中小火煎約1分鐘,待麵皮漸漸凝固、表面略上色,周圍餅皮翹起(可輕易離鍋)、微焦

12 翻面再同樣煎製約10秒到表皮呈虎斑紋狀。

POINT
每次要舀麵糊時,要將麵糊再攪拌一下再舀出使用。

麵糊不要加太多,會太厚重,餅皮越薄越好。麵糊份量不多熟得快,見麵糊不再濕潤出現微深色紋路,邊緣不再黏著鍋即可翻面。

火候一定要弱,才不會有周圍已過焦,中心麵糊還沒熟的狀況。

POINT
可利用筷子就麵皮邊緣掀起翻面非常方便。

完成餅皮

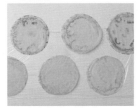

13 將煎好的餅皮一片片攤平放涼,若有皺折冷卻後再拉容易破裂。

14 冷卻,一片片整齊堆疊包覆。

千層麵糊 B

特色：油脂含量高，餅皮較 Q 嫩
► 6 寸，直徑 19cm、22 片份
► 7 寸，直徑 22cm、15 片份

Ⓐ 全蛋 200g
　 細砂糖 30g
　 香草莢 1/2 支
Ⓑ 沙拉油 125g
　 鮮奶 125g
　 低筋麵粉 70g

前置作業

01 低筋麵粉過篩均勻，成製的餅皮細緻度才會高。

製作麵糊

02 蛋、糖拌至糖融化，加入香草鮮奶（參見千層麵糊E，作法②）拌勻。

03 加入沙拉油攪拌融合。

04 加入粉類，用打蛋器攪拌至無粉粒。

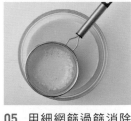

05 用細網篩過篩消除大泡泡，讓麵糊更加細緻。

06 用保鮮膜覆蓋密封，冷藏靜置20分鐘後使用（使用沙拉油不需靜置太久，即可煎製使用）。

POINT
取出的麵糊使用前要攪動一下再使用。

煎製餅皮

07 煎餅皮作法參見 P18-19「基本千層麵皮」，步驟9-14。

千層麵糊C

特色：適合搭配口味偏甜的內餡或
　　　鹹口味千層
► 6 寸，直徑 19cm、22 片份
► 7 寸，直徑 22cm、15 片份

INGREDIENTS

Ⓐ 全蛋 220g
　 細砂糖 30g
　 鹽 2g
Ⓑ 鮮奶 460g
　 融化奶油 40g
　 低筋麵粉 160g

HOW TO MAKE

前置作業

01 奶油微波加熱約10秒融化。
　 低筋麵粉過篩均勻。

製作麵糊

02 材料Ⓐ攪拌至糖融化，加入
　 融化奶油混合攪拌，倒入鮮
　 奶拌勻，再加入粉類，用打
　 蛋器攪拌至無粉粒。

03 用細網篩過篩，覆蓋保鮮膜
　 密封，冷藏靜置1-2小時。

煎製餅皮

04 煎餅皮作法參見P18-19「基
　 本千層麵皮」。

千層麵糊D

特色：帶有楓糖特有的香甜氣味
► 6 寸，直徑 19cm、22 片份
► 7 寸，直徑 22cm、15 片份

INGREDIENTS

Ⓐ 全蛋 180g
　 細砂糖 15g
　 楓糖漿 25g
Ⓑ 鮮奶 340g
　 融化奶油 55g
　 低筋麵粉 113g

HOW TO MAKE

前置作業

01 奶油微波加熱約10秒融化。
　 低筋麵粉過篩均勻。

製作麵糊

02 材料Ⓐ攪拌至糖融化，加入
　 融化奶油混合攪拌，倒入鮮
　 奶拌勻再加入粉類，用打蛋
　 器攪拌至無粉粒。

03 用細網篩過篩，覆蓋保鮮膜
　 密封，冷藏靜置1-2小時。

煎製餅皮

04 煎餅皮作法參見P18-19「基
　 本千層麵皮」。

千層麵糊E

特色：蛋香香氣濃郁，顏色較深黃
► 6 寸，直徑 19cm、22 片份
► 7 寸，直徑 22cm、15 片份

INGREDIENTS

Ⓐ 蛋黃 240g
　 細砂糖 25g
　 香草莢 1/2 支
Ⓑ 鮮奶 450g
　 低筋麵粉 150g

HOW TO MAKE

前置作業

01 低筋麵粉過篩均勻。

製作麵糊

02 香草莢剖開，刮取香草籽，
　 連同鮮奶加熱煮至香氣逸
　 出，瀝出香草莢。

03 蛋黃、細砂糖攪拌至融化，
　 加入作法②混勻，加入粉類
　 用打蛋器攪拌至無粉粒。

04 用細網篩過篩，覆蓋保鮮膜
　 密封，冷藏靜置1-2小時。

煎製餅皮

05 煎餅皮作法參見P18-19「基
　 本千層麵皮」。

多種風味的千層餅皮

想要變化風味，也可以在麵皮中加入適合的材料做變化，
除了風味香氣，還能增添色澤，讓麵皮更具美味變化。

22

❶ 日式玄米茶千層皮

6寸、22片份／7寸、20片份

INGREDIENTS

Ⓐ 全蛋248g、細砂糖45g、
玄米茶粉15g

Ⓑ 融化奶油82g、鮮奶510g、
低筋麵粉170g

HOW TO MAKE

01 鮮奶、玄米茶粉先溫熱煮至
香氣逸出。

02 蛋、細砂糖攪拌至糖融化，
加入玄米茶鮮奶混合拌勻。

03 加入融化奶油、過篩麵粉，
用打蛋器攪拌至無粉粒，密
封，冷藏靜置1-2小時。

04 煎餅皮作法參見P18-19「基
本千層麵皮」。

❷ 芋頭千層皮

6寸、22片份／7寸、20片份

INGREDIENTS

Ⓐ 全蛋248g、細砂糖45g、
芋頭粉15g

Ⓑ 融化奶油82g、鮮奶510g、
低筋麵粉170g

HOW TO MAKE

01 鮮奶、芋頭粉先溫熱煮至香
氣逸出。

02 蛋、細砂糖攪拌至糖融化，
加入芋頭鮮奶混合拌勻。

03 加融化奶油、過篩麵粉，用
打蛋器攪拌至無粉粒，密
封，冷藏靜置1-2小時。

04 煎餅皮作法參見P18-19「基
本千層麵皮」。

❸ 南瓜千層皮

6寸、22片份／7寸、20片份

INGREDIENTS

Ⓐ 全蛋248g、細砂糖45g、
南瓜粉16g

Ⓑ 融化奶油82g、鮮奶510g、
低筋麵粉170g

HOW TO MAKE

01 鮮奶、南瓜粉先溫熱煮至香
氣逸出。

02 蛋、細砂糖攪拌至糖融化，
加入南瓜鮮奶混合拌勻。

03 加入融化奶油、過篩麵粉，
用打蛋器攪拌至無粉粒，密
封，冷藏靜置1-2小時。

04 煎餅皮作法參見P18-19「基
本千層麵皮」。

❹ 蝶豆花千層皮

6寸、22片份／7寸、20片份

INGREDIENTS

Ⓐ 全蛋248g、細砂糖45g、
蝶豆花12g

Ⓑ 融化奶油82g、鮮奶510g、
低筋麵粉170g

HOW TO MAKE

01 鮮奶先溫熱加入蝶豆花浸泡
約5分鐘，過濾取出蝶豆花。

02 蛋、細砂糖攪拌至糖融化，
加入作法①混合拌勻。

03 加入融化奶油、過篩麵粉，
用打蛋器攪拌至無粉粒，密
封，冷藏靜置1-2小時。

04 煎餅皮作法參見P18-19「基
本千層麵皮」。

❺ 黑糖粉千層皮

6寸、22片份／7寸、20片份

INGREDIENTS

Ⓐ 全蛋248g、沖繩黑糖粉45g

Ⓑ 融化奶油82g、鮮奶510g、
低筋麵粉170g

HOW TO MAKE

01 鮮奶、黑糖溫熱至糖融化。

02 蛋攪拌打散加入黑糖鮮奶混
合拌勻。

03 加入融化奶油、過篩麵粉，
用打蛋器攪拌至無粉粒，密
封，冷藏靜置1-2小時。

04 煎餅皮作法參見P18-19「基
本千層麵皮」。

❻ 金黃地瓜千層皮

6寸、22片份／7寸、20片份

INGREDIENTS

Ⓐ 全蛋248g、細砂糖30g、
金黃地瓜粉15g

Ⓑ 融化奶油82g、鮮奶510g、
低筋麵粉170g

HOW TO MAKE

01 鮮奶、地瓜粉溫熱煮至香氣
逸出。蛋、細砂糖攪拌至糖
融化，加入地瓜鮮奶混合拌
勻。

02 加入融化奶油、過篩麵粉，
用打蛋器攪拌至無粉粒，密
封，冷藏靜置1-2小時。

03 煎餅皮作法參見P18-19「基
本千層麵皮」。

❼ 洛神花千層皮

6寸、22片份／7寸、20片份

INGREDIENTS

Ⓐ 全蛋248g、細砂糖45g、
　洛神花粉12g

Ⓑ 融化奶油82g、鮮奶510g、
　低筋麵粉170g

HOW TO MAKE

01 鮮奶、洛神花粉先溫熱拌
　煮。蛋、細砂糖攪拌至糖融
　化，加入洛神鮮奶混合拌
　勻。

02 加入融化奶油、過篩麵粉，
　用打蛋器攪拌至無粉粒，密
　封，冷藏靜置1-2小時。

03 煎餅皮作法參見P18-19「基
　本千層麵皮」。

❽ 覆盆子千層皮

6寸、22片份／7寸、20片份

INGREDIENTS

Ⓐ 全蛋300g、細砂糖45g、
　覆盆子粉15g

Ⓑ 鮮奶188g、沙拉油188g、
　低筋麵粉105g

HOW TO MAKE

01 低筋麵粉、覆盆子粉分別過
　篩。鮮奶、覆盆子粉先溫熱
　拌煮至融化。

02 蛋、細砂糖攪拌至糖融化，
　加入覆盆子鮮奶混合拌勻。

03 加入沙拉油、過篩麵粉，用
　打蛋器攪拌至無粉粒，密
　封，冷藏靜置20分鐘。

04 煎餅皮作法參見P18-19「基
　本千層麵皮」。

❾ 紅麴千層皮

6寸、22片份／7寸、20片份

INGREDIENTS

Ⓐ 全蛋300g、細砂糖45g、
　紅麴12g

Ⓑ 鮮奶188g、沙拉油188g、
　低筋麵粉105g

HOW TO MAKE

01 低筋麵粉、紅麴粉分別過
　篩。鮮奶、紅麴粉先溫熱拌
　煮至融化。

02 蛋、細砂糖攪拌至糖融化，
　加入紅麴粉鮮奶混合拌勻。

03 加入沙拉油、過篩麵粉，用
　打蛋器攪拌至無粉粒，密
　封，冷藏靜置20分鐘。

04 煎餅皮作法參見P18-19「基
　本千層麵皮」。

❿ 竹炭千層皮

6寸、22片份／7寸、20片份

INGREDIENTS

Ⓐ 全蛋300g、細砂糖45g、
　竹炭粉10g

Ⓑ 鮮奶188g、沙拉油188g、
　低筋麵粉105g

HOW TO MAKE

01 低筋麵粉、竹炭粉分別過篩
　均勻。鮮奶、竹炭粉先溫熱
　拌煮融化均勻。

02 蛋、細砂糖攪拌至糖融化，
　加入竹炭鮮奶混合拌勻。

03 加入沙拉油、過篩麵粉，用
　打蛋器攪拌至無粉粒，密
　封，冷藏靜置20分鐘。

04 煎餅皮作法參見P18-19「基
　本千層麵皮」。

⓫ 胡蘿蔔千層皮

6寸、22片份／7寸、20片份

INGREDIENTS

Ⓐ 全蛋300g、細砂糖45g、
　胡蘿蔔粉12g

Ⓑ 鮮奶188g、沙拉油188g、
　低筋麵粉105g

HOW TO MAKE

01 低筋麵粉、胡蘿蔔粉分別過
　篩均勻。鮮奶、胡蘿蔔粉先
　溫熱拌煮融化均勻。

02 蛋、細砂糖攪拌至糖融化，
　加入胡蘿蔔鮮奶混合拌勻。

03 加入沙拉油、過篩麵粉，用
　打蛋器攪拌至無粉粒，密
　封，冷藏靜置20分鐘。

04 煎餅皮作法參見P18-19「基
　本千層麵皮」。

⓬ 斑蘭千層皮

6寸、22片份／7寸、20片份

INGREDIENTS

Ⓐ 全蛋300g、細砂糖45g、
　斑蘭汁10g

Ⓑ 鮮奶188g、沙拉油188g、
　低筋麵粉105g

HOW TO MAKE

01 低筋麵粉過篩均勻。鮮奶煮
　溫後加入斑蘭汁混合拌勻。

02 蛋、細砂糖攪拌至糖融化，
　加入斑蘭鮮奶混合拌勻。

03 加入沙拉油、過篩麵粉，用
　打蛋器攪拌至無粉粒，密
　封，冷藏靜置20分鐘。

04 煎餅皮作法參見P18-19「基
　本千層麵皮」。

製作絕頂美味的內餡

搭配千層餅皮的內餡與增添變化的淋面用料，種類變化多端，最常搭配的內餡可分為卡士達、鮮奶油香緹、奶油餡與巧克力甘納許等幾大類。

BASIC.1

焦糖甘納許

INGREDIENTS

Ⓐ 細砂糖 300g
　 水 100g
Ⓑ 動物性鮮奶油 600g
　 葡萄糖漿 50g
　 38% 喜夢牛奶巧克力 300g
　 58.5% 喜夢深黑巧克力 200g
　 奶油 150g

HOW TO MAKE

01　準備食材。

02　細砂糖、水加熱煮至融化，呈焦糖狀。

03　鮮奶油、葡萄糖漿加熱煮至沸騰。

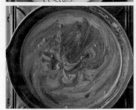

04　將作法③加入牛奶巧克、深黑巧克力攪拌融化。

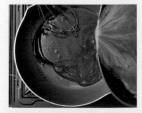

05　再將作法④加入到作法②中混合拌勻。

06　待降溫至約60℃，加入奶油攪拌至光滑融合。

BASIC.2
卡士達奶油餡

01 準備食材。

02 香草莢剖開、用刀背刮取香草籽。

03 將香草莢、香草籽、材料Ⓐ放入鍋中,用中大火加熱煮至沸騰,取出香草莢。

04 將材料Ⓑ攪拌混合均勻。

05 將部分的作法③加入作法④中先攪拌混合。

06 再將拌合的作法⑤加入到作法③中,用小火回煮,邊攪拌混合邊煮至沸騰呈濃稠、亮澤滑潤狀態。

07 倒入盛皿中攤平,表面覆蓋保鮮膜,冷藏。

08 卡士達鮮奶油。將作法⑦完成的卡士達餡、打發鮮奶油(400g)輕拌混勻即成。

INGREDIENTS

Ⓐ 鮮奶 400g
　香草莢 1 支
　細砂糖 52g
Ⓑ 蛋黃 100g
　細砂糖 48g
　卡士達粉 36g
Ⓒ 打發動物性鮮奶油 400g

BASIC.3
覆盆子奶油餡

Ⓐ 覆盆子果泥 200g
　 黑醋栗果泥 50g
Ⓑ 鮮奶 250g
　 細砂糖 80g
　 蛋黃粉 40g
Ⓒ 蛋黃 110g
　 細砂糖 80g
　 奶油 250g

01 準備食材。

02 覆盆子果泥、黑醋栗果泥加熱煮沸。

03 鮮奶、細砂糖、蛋黃粉混合拌勻。

04 將作法③加入作法②中混合拌勻。

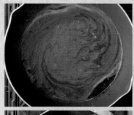

05 蛋黃、細砂糖拌勻，再加入到作法④中，邊加熱邊拌煮至濃稠。

06 待降溫至約60℃，加入奶油攪拌至融合。

INFO
熱煮型蛋黃粉

多種風味的美味內餡

夾層內餡是好吃與否的重點，左右了千層的風味口感；除了最廣為使用的卡士達奶油餡、鮮奶油香緹、甘納許…還有多種由基本延伸的變化美味，依據自己的喜好搭配，做出美味又多變的千層蛋糕吧！

❶ 鮮奶油香緹

INGREDIENTS

植物性鮮奶油380g、動物性鮮奶油380g、蜂蜜柚子醬100g

HOW TO MAKE

將植物、動物性鮮奶油攪拌至7分發，加入蜂蜜柚子醬輕混拌勻即可。

❷ 奶油開心果餡

INGREDIENTS

鮮奶350g、開心果醬80g、卡士達粉155g、
動物性鮮奶油40g、打發動物性鮮奶油150g

HOW TO MAKE

鮮奶、開心果醬、卡士達粉混合拌勻，加入鮮奶油拌勻，拌入打發鮮奶油輕拌混勻即可。

❸ 巧克力甘納許

INGREDIENTS

動物性鮮奶油500g、葡萄糖漿50g、奶油20g、
58.5%喜夢深黑巧克力400g、櫻桃白蘭地20g

HOW TO MAKE

01 鮮奶油、葡萄糖漿，加熱煮至溫熱。
02 巧克力隔水加熱融化，加入作法①拌至融合。
03 待降溫至約50℃，加入奶油、櫻桃白蘭地混合拌勻至有光澤即可。

❹ 檸檬餡

INGREDIENTS

Ⓐ 細砂糖80g、檸檬汁250g、檸檬皮屑5g、
鮮奶250g

Ⓑ 細砂糖80g、蛋黃粉（可加熱煮）40g、
蛋黃110g、奶油250g

HOW TO MAKE

01 蛋黃粉、細砂糖、蛋黃混合拌勻。

02 將材料Ⓐ混勻加熱拌煮至沸騰，加入作法①邊拌
邊煮至成濃稠、光滑。

03 待降溫（約55℃），加入奶油拌勻即可。

---

❺ 香蕉醬

INGREDIENTS

新鮮香蕉400g、細砂糖25g、水50g、百香果果泥
40g、檸檬汁20g、奶油5g

HOW TO MAKE

01 細砂糖、水加熱煮成焦糖，加入香蕉丁拌炒。

02 加入百香果果泥、檸檬汁拌炒至收汁成濃稠狀。

03 待降溫（約55℃），加入奶油拌勻即可。

---

❻ 十勝卡士達餡

INGREDIENTS

Ⓐ 鮮奶375g、香草莢1/2支、
北海道十勝奶霜125g（調和性鮮奶油）

Ⓑ 細砂糖115g、蛋黃120g、玉米粉12g、
卡士達粉23g

HOW TO MAKE

01 鮮奶、奶霜，與剖開的香草籽、香草莢加熱煮至
沸騰。

02 將材料Ⓑ攪拌混合均勻，再將作法①分次加入攪
拌混合，小火回煮，邊攪拌混合邊煮至沸騰呈濃
稠、亮澤滑潤狀態。

---

❼ 香橙巧克力醬

INGREDIENTS

動物性鮮奶油125g、鮮奶55g、轉化糖漿65g、
72%喜夢深黑巧克力320g、奶油55g、香橙酒20g、
香橙皮3個

HOW TO MAKE

01 鮮奶油、鮮奶加熱煮沸，加入轉化糖漿拌勻。

02 巧克力隔水加熱融化，加入作法①拌至融合。

03 待降溫至約60℃，加入奶油、香橙酒、香橙皮屑
混合拌勻。

---

❽ 乳酪餡

INGREDIENTS

四葉十勝奶油乳酪 450g、奶油 75g、糖粉 100g、
植物性鮮奶油 50g

HOW TO MAKE

01 將奶油乳酪、奶油、糖粉先攪拌至鬆發，慢慢加
入鮮奶油拌勻至融合即可。

02 待使用時再攪拌打發至質地稍硬的狀態。

---

❾ 檸檬奶油餡

INGREDIENTS

Ⓐ 檸檬汁250g、檸檬皮屑5g

Ⓑ 鮮奶250g、細砂糖80g、蛋黃粉40g

Ⓒ 蛋黃110g、細砂糖80g、奶油250g

HOW TO MAKE

01 檸檬汁、檸檬皮屑加熱煮沸。

02 鮮奶、細砂糖、蛋黃粉混合拌勻。

03 另將蛋黃、細砂糖拌勻，先倒入作法①中混合拌
勻，再加入到作法②中邊加熱邊拌煮至濃稠，待
降溫至約50℃，加入奶油拌勻備用。

⑩ 香橙奶油餡

INGREDIENTS

Ⓐ 柳橙果泥300g、葡萄柚汁75g
Ⓑ 鮮奶375g、細砂糖120g、蛋黃粉60g
Ⓒ 蛋黃165g、細砂糖120g、奶油375g

HOW TO MAKE

01 柳橙果泥、葡萄柚汁加熱煮沸。
02 鮮奶、細砂糖、蛋黃粉混合拌勻。
03 蛋黃、細砂糖拌勻，先倒入作法①中混合拌勻，
再加入到作法②中邊加熱邊拌煮至濃稠，待降溫
至約50℃，加入奶油拌勻備用。

---

⑪ 開心果香緹

INGREDIENTS

北海道十勝奶霜200g（調和性鮮奶油）、糖粉30g、
開心果醬30g

HOW TO MAKE

奶霜、糖粉與開心果醬混合攪拌打發後使用。

---

⑫ 百香果奶油餡

INGREDIENTS

Ⓐ 百香果果泥200g、芒果果泥50g
Ⓑ 鮮奶250g、細砂糖80g、蛋黃粉60g
Ⓒ 蛋黃120g、細砂糖80g、奶油250g

HOW TO MAKE

01 百香果泥、芒果果泥加熱煮沸。
02 鮮奶、細砂糖、蛋黃粉混合拌勻。
03 蛋黃、細砂糖拌勻，先倒入作法①中混合拌勻，
再加入到作法②中邊加熱邊拌煮至濃稠，待降溫
至約50℃，加入奶油拌勻備用。

Chapter 1

絕美比例！人氣經典風

餅皮╳內餡，衍生出絕佳美味！多種風味與特色食材，交織出絕佳滋味，水果、巧克力、焦糖、花草茶的全應用，以基本材料製作煥然一新的口味變化，不可思議的美味詮釋，無人不愛的經典千層風味。

Mixed Fruits Mille Crepe Cake

疊層結構
- ► 4 片（夾香蕉）
- ► 4 片（夾草莓）
- ► 4 片（夾奇異果）
- ► 2 片（夾綜合水果）
- ► 2 片

RECIPE 1　**水 果 戀 曲 千 層**

恬雅的風味中嘗得到水果的清新香甜，

清爽的卡士達將綜合水果的繽紛滋味展露無遺，

整體感絕佳的經典滋味組合。

草莓麵皮

Ⓐ 全蛋 300g
　 細砂糖 45g
　 草莓粉 23g
Ⓑ 鮮奶 188g
　 沙拉油 188g
　 低筋麵粉 105g

夾層內餡

Ⓐ 卡士達鮮奶油（→ P27）
Ⓑ 香蕉、草莓、奇異果

表面用

草莓、防潮糖粉、藍莓

HOW TO MAKE

製作麵皮

01 千層麵皮的製作參
見P18-25，煎成餅皮。
6寸，約17片。

製作內餡

02 卡士達奶油餡的製
作參見P27。

03 將卡士達奶油餡、打
發鮮奶油輕拌混勻，即成
卡士達鮮奶油。

抹餡組合

04 香蕉、奇異果去皮
切片、草莓切片，拭乾
多餘水分備用。

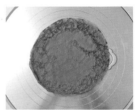

05 一層餅皮、一層卡士
達鮮奶油（約30g）。

06 疊層4片做底層，抹
餡、鋪放香蕉片。

07 表面抹餡、鋪餅皮。

08 抹餡、鋪餅皮，重複鋪放4片做草莓夾層。

09 抹餡、鋪餅皮，重複鋪放4片，做奇異果夾層。

10 再抹餡、鋪餅皮，重複鋪放2片，做綜合水果夾層。

11 重複鋪放餅皮、抹餡，重複鋪放2片至疊合完成。

12 輕壓塑整圓弧邊。用保鮮膜封好、冷藏。

裝飾完成

13 表面均勻篩灑糖粉，擺放上草莓、藍莓，薄刷鏡面果膠。

POINT
利用湯匙輕敲網篩，邊敲動邊篩灑能均勻的灑粉。

提升美味小技巧

鮮奶油霜

鮮奶油可分為植物、動物性兩種。打發鮮奶油可用於抹面，擠花霜飾及夾餡使用，一般裝飾、抹面使用的主要為植物性鮮奶油。打發的程度與狀態：

將鮮奶油攪拌至質地變細，拿起攪拌器滴落會有明顯線條狀態（5分發）。

攪拌至質地變濃厚黏稠，拿起攪拌器勾起呈彎曲狀（7分發）。

攪拌至質地變濃厚黏稠，拿起攪拌器勾起呈硬挺勾狀（9分發）。

Strawberry Mille
Crepe Cake

疊層結構
► 3 片（夾草莓）×6 次
► 頂部 4 片

<u>RECIPE 2</u> **雪映莓果千層**

使用草莓元素打造出的夢幻系甜點，
粉色餅皮，搭配香甜草莓餡，與紅寶石莓果，
既美味又賞心悅目，無比的幸福享受。

草莓麵皮

Ⓐ 全蛋 300g
　　細砂糖 45g
　　草莓粉 23g
Ⓑ 鮮奶 188g
　　沙拉油 188g
　　低筋麵粉 105g

夾層內餡

Ⓐ 草莓巧克力餡
　　動物性鮮奶油 230g
　　吉利丁片 10g
　　31% 喜夢白巧克力 100g
　　草莓糖漿 10g
　　動物性鮮奶油 200g
Ⓑ 草莓片 120g

表面用

草莓、藍莓
打發鮮奶油
防潮糖粉

___
POINT
這裡的草莓糖漿為製作冰淇淋醬料，若買不到也可用草莓果泥代替。

製作麵皮

01 千層麵皮的製作參見P18-25，煎成餅皮。6寸，約22片。

製作內餡

02 鮮奶油（230g）加熱後，加入白巧克力拌勻，加入浸泡軟化的吉利丁拌至融化。

03 加入草莓糖漿拌勻，加入鮮奶油（200g）拌勻，倒入容器中，覆蓋保鮮膜冷藏備用。

抹餡組合

04 一層餅皮、一層草莓巧克力餡（約30g）。

05 疊層3片做底層，抹餡、鋪放草莓丁（約20g）、表面抹餡，鋪餅皮。

06 再抹餡、鋪餅皮，重複鋪放3片，做草莓丁夾層。

07 重複鋪放餅皮、抹餡，重複鋪放3片至疊合完成，輕壓塑整圓弧邊。用保鮮膜封好、冷藏。

裝飾完成

08 草莓去蒂、對切，拭乾多餘水分；藍莓備用。

09 表面放上圓形模框定位，沿著圓心模邊，用擠花袋（菊花花嘴）等間距擠上鮮奶油。

10 草莓切面朝外，沿著鮮奶油花內側對齊擺放成圈。

11 將藍莓擺放在鮮奶油花的相間接縫處。

12 最後再均勻篩灑上糖粉即可。

Matcha Mille Crepe Cake

疊層結構
- ▶ 6片（夾蜜紅豆）
- ▶ 6片（夾蜜紅豆）
- ▶ 6片（夾蜜紅豆）
- ▶ 4片

RECIPE 3　金時抹茶千層

和風組合的千層蛋糕！

抹茶餡層疊清新抹茶薄皮，雙重清新甘醇不膩口，

蜜紅豆之外，也可再搭配栗子加強風味口感，

口感風味提升，讓味道層次更豐富。

抹茶麵皮

Ⓐ 全蛋 300g
　 細砂糖 45g
　 抹茶粉 22g
Ⓑ 鮮奶 188g
　 沙拉油 188g
　 低筋麵粉 105g

夾層內餡

Ⓐ 抹茶奶油餡
　 動物性鮮奶油 500g
　 葡萄糖漿 200g
　 31%喜夢白巧克力 400g
　 抹茶粉 20g
　 無鹽奶油 20g
Ⓑ 蜜紅豆 45g

表面用

抹茶奶油餡
抹茶粉
乾燥草莓碎粒

POINT
書中使用的巧克力，為喜夢（CÉMOI）調溫系列巧克力。

HOW TO MAKE

製作麵皮

01　千層麵皮的製作參見P18-25，煎成餅皮，6寸，約22片。

POINT
完成度較為完美的麵皮，可利用在最上層部分使用，更加美觀。

製作內餡

02　將鮮奶油加熱，加入葡萄糖漿、過篩抹茶粉拌勻，再加入白巧克力拌勻，加入奶油攪拌至完全乳化，冷藏後隔天打發使用。

抹餡組合

03　蜜紅豆粒備用。

04　一層餅皮、一層抹茶奶油餡（約30g）。

POINT
也可用圓形模框壓切，將圓弧皺折的部分切除整型，讓餅皮更加整齊劃一。不壓除直接使用則有自然的皺折邊。

05　疊層6片做底層，抹餡、鋪放蜜紅豆粒（每層約15g）、表面抹餡，鋪餅皮。

06　抹餡、鋪餅皮，重複鋪放6片，做蜜紅豆粒夾層至疊合完成，最後頂層4片，輕壓塑整圓弧邊。用保鮮膜封好、冷藏。

裝飾完成

07　用擠花袋（菊花花嘴）沿著表面邊緣擠上抹茶奶油花，再往內將圓心處填滿。

08　抹茶奶油花的外側圓周處，均勻篩灑抹茶粉，用乾燥草莓碎粒裝點。

Blue Berry Mille
Crepe Cake

疊層結構
► 7片（夾藍莓醬）
► 9片（夾藍莓醬）
► 7片

RECIPE 4 **粉鑽藍莓千層**

除了淡淡果香、粉藍的迷人色澤外，

加了黑醋栗巧克力餡、藍莓醬的雙餡夾心層，

多了一種不同層次的香甜與口感！

藍莓麵皮

Ⓐ 全蛋 300g
　細砂糖 45g
　藍莓粉 12g
Ⓑ 鮮奶 188g
　沙拉油 188g
　低筋麵粉 105g

夾層內餡

Ⓐ 黑醋栗白巧克力醬
　黑醋栗果泥 500g
　轉化糖漿 50g
　31% 喜夢白巧克力 750g
　可可脂 50g
　黑醋栗醬 15g
　動物性鮮奶油 350g
Ⓑ 藍莓醬 30g

表面用

黑醋栗白巧克力醬
藍莓

POINT
這裡的黑醋栗醬為製作冰淇淋醬料，若買不到也可用黑醋栗果泥代替。

HOW TO MAKE

製作麵皮

01 千層麵皮的製作參見P18-25，煎成餅皮。6寸，約23片。

製作內餡

02 黑醋栗果泥加熱，加入轉化糖漿拌勻。

03 鮮奶油加熱，加入隔水融化白巧克力、可可脂拌勻，再加入黑醋栗醬與作法②攪拌混合均勻。

抹餡組合

04 一層餅皮、一層黑醋栗白巧克力醬（約30g）。

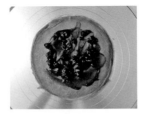

05 疊層7片做底層，表面抹藍莓醬（約15g）、鋪餅皮。

06 再抹黑醋栗白巧克力醬、鋪餅皮，重複鋪放9片，表面抹藍莓醬做夾層。

07 鋪放餅皮、抹餡，重複鋪放7片至疊合完成，輕壓塑整圓弧邊。用保鮮膜封好、冷藏。

裝飾完成

08 用擠花袋（菊花花嘴）沿著圓弧邊、等間距擠上8朵奶油花，擺放藍莓粒裝點。

POINT
菊花花嘴。

Butterfly Pea Flower
Mille Crepe Cake

疊層結構
► 10 片（夾層柚子庫利）
► 12 片

RECIPE 5 **海洋星鑽蝶豆千層**

一層濃厚的覆盆子奶油餡、

一層有著酸味軟Q的黑醋栗庫利，

搭著一圈又一圈的奶油餡花飾，色澤層次鮮明，

口感豐富不膩，如此絕妙的組合搭配，讓人怎麼吃都吃不膩。

INGREDIENTS

蝶豆花麵皮

Ⓐ 全蛋 248g
　細砂糖 45g
　蝶豆花粉 10g
Ⓑ 融化奶油 82g
　鮮奶 510g
　低筋麵粉 170g

覆盆子奶油餡

Ⓐ 覆盆子果泥 200g
　黑醋栗果泥 50g
Ⓑ 鮮奶 250g
　細砂糖 80g
　蛋黃粉 40g
Ⓒ 蛋黃 110g
　細砂糖 80g
　奶油 250g

柚子庫利

柚子汁 200g
水 200g
細砂糖 300g
吉利丁片 32g

表面用

打發鮮奶油
覆盆子奶油餡
乾燥草莓碎粒
彩色糖珠
防潮糖粉

POINT

這裡使用的是柚子庫利，改用黑醋
栗庫利（P142）也很對味。

HOW TO MAKE

製作麵皮

01 鮮奶先溫熱，離火，加入蝶豆花粉拌勻（或蝶豆花浸泡約5分鐘，過濾取出蝶豆花）。

02 蛋、細砂糖攪拌至糖融化，加入作法①混合拌勻。

03 加入融化奶油、過篩低筋麵粉，用打蛋器攪拌至無粉粒（用細網篩過篩），用保鮮膜覆蓋密封，冷藏靜置1-2小時。

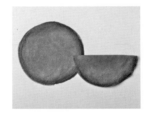

04 千層麵皮的製作參見P18-25，煎成餅皮。6寸，約22片。

製作內餡

05 覆盆子果泥、黑醋栗果泥加熱煮沸。

06 鮮奶、細砂糖、蛋黃粉混合拌勻。

07 將作法⑥加入作法⑤中混合拌勻。

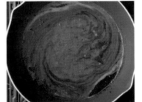

08 蛋黃、細砂糖拌勻，再加入到作法⑦中。

09 邊加熱邊拌煮至濃稠。

10 待降溫至約60℃，加入奶油拌至融合備用。

11 即成覆盆子奶油餡。

柚子庫利

12 將柚子汁、細砂糖、水加熱煮沸，待降溫至60℃，加入浸泡軟化的吉利丁拌至融化，冷凍定型，裁切成略小於6寸大小。

抹餡組合

13 一層餅皮、一層覆盆子奶油餡（約30g），疊層10片做底層。

14 表面鋪放柚子庫利、鋪餅皮。

15 重複抹餡、鋪放餅皮，重複鋪放12片至疊合完成，輕壓塑整圓弧邊。用保鮮膜封好、冷藏。

裝飾完成

16 表面覆蓋圓形模，並就模框外圍均勻薄篩糖粉。

17 沿著圓框內側，用擠花袋（菊花花嘴）擠上覆盆子奶油花。

18 用乾燥草莓碎粒圍擺點綴，中間鋪放白色棉花糖，用彩色糖珠鑲嵌點綴縫隙。

提升美味小技巧

白色棉花糖

材料：細砂糖300g、轉化糖漿48g、水108g、蛋白120g、吉利丁片24g

作法：

① 細砂糖、水、轉化糖漿加熱煮到約130℃。

② 將蛋白用中速攪拌打至濃稠狀，慢慢加入作法①繼續攪拌打發至呈挺立狀。

③ 再加入浸泡冰水軟化的吉利丁攪拌至滑稠狀態。

④ 用擠花袋（平口花嘴）擠成水滴狀，篩灑上混合過篩的糖粉、玉米粉即可。

Lemon Mille
Crepe Cake

疊層結構：22 階層（皮、餡）

RECIPE 6　**蕾萝朵朵千層**

有著獨特的清爽酸味和風味，

用乳酪檸檬餡擠上白色漸層花朵，更顯優雅，

增添質感，滿足味蕾與視覺的需求。

千層麵皮

- Ⓐ 全蛋 248g
  細砂糖 45g
  黃檸檬皮屑 6g
- Ⓑ 融化奶油 82g
  鮮奶 510g
  低筋麵粉 170g

檸檬乳酪餡

四葉十勝奶油乳酪 500g
糖粉 150g
檸檬汁 50g
打發植物性鮮奶油 50g

表面用

檸檬乳酪餡
金色糖珠

POINT
彩色糖珠在一般烘焙材料
行即可購得。也可利用巧
克力球、食用色粉自製使
用。

HOW TO MAKE

製作麵皮

01 千層麵皮的製作參
見P18-25，煎成餅皮。
6寸，約23片。

POINT
檸檬皮白色部分會苦，只
要刨取黃色部分即可。

製作內餡

02 奶油乳酪先攪打鬆
軟，加入過篩糖粉攪
拌均勻，加入檸檬汁拌
勻，最後加入打發植物
性鮮奶油輕拌混勻。

抹餡組合

03 一層餅皮、一層檸
檬乳酪餡（約30g）。

04 一層餅皮抹上檸檬
乳酪餡，重複動作至全
部疊完，約22層，輕壓
塑整圓弧邊。用保鮮膜
封好、冷藏。

裝飾完成

05 用擠花袋（玫瑰花
嘴）在表面中心處，
沿著圓形外圍，由外往
內，以擠「U」狀、一
瓣一瓣稍交疊。

06 連續擠出檸檬乳酪
餡，形成花形。

07 中間再撒上金色糖
珠，做成花芯。

提升美味小技巧

自製彩色糖珠

材料：白色脆球巧克力（或彩糖）、金粉
作法：將白色脆球巧克力、金粉裝入塑膠
袋內，束緊袋口，充分搖晃使色粉均勻附
著巧克力球表面。

Chestnut Mille
Crepe Cake

疊層結構：22 階層

RECIPE 7　法式甘栗千層

香草薄餅、輕盈卡士達栗子奶油層層堆疊，
22階層的栗子奶油餡、餅皮堆疊，
溫潤、香甜平衡絕美的好滋味。

香草麵皮

Ⓐ 全蛋 300g
　細砂糖 45g
　香草莢 1/2 支
Ⓑ 鮮奶 188g
　沙拉油 188g
　低筋麵粉 105g

卡士達栗子奶油餡

Ⓐ 鮮奶 200g
　香草莢 1/2 支
　細砂糖 26g
Ⓑ 蛋黃 48g
　細砂糖 24g
　卡士達粉 18g
Ⓒ 打發動物性鮮奶油 200g
　市售栗子醬 100g

表面用

打發動物性鮮奶油
法式栗子 8 個
防潮糖粉

HOW TO MAKE

製作麵皮

01 千層麵皮的製作參見P18-25，煎成餅皮。6寸，約23片。

製作內餡

02 卡士達奶油餡的製作參見P27。將卡士達奶油餡與打發鮮奶油（6分發）輕拌混勻，加入栗子醬拌勻即可。

抹餡組合

03 一層餅皮、一層卡士達栗子奶油餡（約30g）。

04 一層餅皮抹上卡士達栗子奶油餡，重複動作至全部疊完，約22層。

05 輕壓塑整圓弧邊，用保鮮膜封好、冷藏。

裝飾完成

06 用擠花袋（菊花花嘴）沿著圓邊、等間距擠上6朵鮮奶油花。

07 篩灑糖粉，在奶油花上擺放法式栗子（或糖漬栗子）裝點。

POINT
利用湯匙輕敲網篩，邊敲動邊篩灑能均勻的灑粉。栗子要用餐巾紙拭乾水分後再使用。

Mango Mille
Crepe Cake

疊層結構
- ► 5 片（夾芒果）
- ► 4 片（夾芒果）
- ► 4 片（夾芒果）
- ► 5 片

RECIPE 8　**芒果星花千層**

花形排列的芒果切片讓外觀更顯可愛迷人；

在宛如花朵般、鮮美多汁的芒果片底下，

是香甜鬆軟的美味千層甜點，挑動味蕾的盛夏滋味。

INGREDIENTS

原味麵皮

Ⓐ 全蛋 300g
　　細砂糖 45g
Ⓑ 鮮奶 188g
　　沙拉油 188g
　　低筋麵粉 105g

夾層內餡

Ⓐ 芒果乳酪餡
　　四葉十勝奶油乳酪 500g
　　糖粉 150g
　　芒果果泥 100g
Ⓑ 金煌芒果片

表面用

金煌芒果、鏡面果膠
乾燥草莓碎粒、開心果粒

HOW TO MAKE

製作麵皮

01 千層麵皮的製作參見P18-25，煎成餅皮。6寸，約18片。

製作內餡

02 奶油乳酪攪打鬆軟，加入過篩糖粉拌勻，再加入融化的芒果果泥拌勻。

抹餡組合

03 芒果去皮切成厚度一致片狀。一層餅皮、一層乳酪芒果餡（約30g）。

04 疊層5片做底層，抹餡、鋪放芒果片、表面抹餡，鋪餅皮。

05 再抹餡、鋪餅皮，重複鋪放4片，做芒果片夾層。

06 重複鋪放4片，做芒果片夾層，頂層重複鋪放5片至疊合完成，輕壓塑整圓弧邊。用保鮮膜封好、冷藏。

裝飾完成

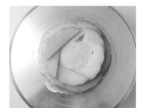

07 芒果切薄片，從外圍往中心、一層層的交錯疊放出層次，形成花形。

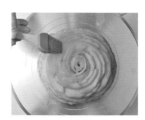

08 表面薄刷鏡面果膠，用乾燥草莓粒、開心果碎粒點綴。

Cream Cheese
Mille Crepe Cake

疊層結構：22 階層

RECIPE 9　雪藏莓果千層

花形狀的草莓花教人看了就想吃。
乳酪餡加上艷紅酸甜的草莓，
是甜點界的無敵組合，無論大人小孩都愛它。

INGREDIENTS

蔓越莓麵皮

Ⓐ 全蛋 248g
　 細砂糖 45g
　 蔓越莓粉 22g
Ⓑ 融化奶油 82g
　 鮮奶 510g
　 低筋麵粉 170g

乳酪餡

四葉十勝奶油乳酪 450g
奶油 76g
糖粉 100g
植物性鮮奶油 50g

表面用

乳酪餡、草莓、藍莓
金色糖珠、防潮糖粉

HOW TO MAKE

製作麵皮

01 千層麵皮的製作參見P18-25，煎成餅皮。6寸，約23片。

製作內餡

02 將奶油乳酪、奶油、糖粉先攪拌至鬆發，慢慢加入鮮奶油拌勻至融合，待使用時再攪拌打發至質地稍硬的狀態。

抹餡組合

03 一層餅皮、一層乳酪餡（約30g）。

04 一層餅皮抹上乳酪餡，重複動作至全部疊完，約22層，輕壓塑整圓弧邊。用保鮮膜封好、冷藏。

裝飾完成

05 用擠花袋（玫瑰花嘴）在中心處擠出小圓錐狀的乳酪餡，並順著小圓錐狀，一層一層的擠出漸層花形。

POINT
玫瑰花嘴。

06 草莓（大顆）分切成4瓣，用紙巾拭乾多餘水分，在等間處將斷面朝上、呈放射狀的圍擺出花形，最後用金色糖珠點綴。

Orange & Mango
Mille Crepe Cake

疊層結構：22 階層

RECIPE 10　香橙芒果流心千層

芒果、香橙奶油餡，洋溢熱帶香氣的法式千層。
柔滑綿密口感，覆著滿滿金黃的芒果淋面，
微酸微甜交織、口感清爽，濃縮夏日的一品滋味。

INGREDIENTS

藍莓麵皮

Ⓐ 全蛋 300g
　細砂糖 45g
　藍莓粉 12g
Ⓑ 鮮奶 188g
　沙拉油 188g
　低筋麵粉 105g

香橙奶油餡

Ⓐ 柳橙果泥 300g
　葡萄柚汁 75g
Ⓑ 鮮奶 375g
　細砂糖 120g
　蛋黃粉 60g
Ⓒ 蛋黃 165g
　細砂糖 120g
　奶油 375g

表面用

芒果淋面
芒果丁
開心果碎粒

HOW TO MAKE

製作麵皮

01 千層麵皮的製作參見P18-25，煎成餅皮。6寸，約23片。

製作內餡

02 材料Ⓐ加熱煮沸。另將材料Ⓑ混合拌勻。

03 將蛋黃、細砂糖拌勻，先倒入煮沸的材料Ⓐ中混合拌勻，再加入到混合材料Ⓑ中邊加熱邊拌煮至濃稠，待稍降溫至50℃，加入奶油拌勻至有光澤。

04 即成香橙奶油餡。

抹餡組合

05 一層餅皮、一層香橙奶油餡（約30g），重複動作至全部疊完，約22層，輕壓塑整圓弧邊。用保鮮膜封好、冷藏。

裝飾完成

06 芒果淋面的製作參見P57。

07 將開心果粒切碎。

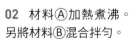

08 在表面中心處淋入芒果淋面，邊緣用芒果丁、開心果碎粒圍邊裝飾。

提升美味小技巧

芒果淋面

材料：芒果果泥500g、細砂糖150g、葡萄糖漿30g、吉利丁片22g
作法：將芒果果泥、細砂糖、葡萄糖漿加熱煮沸，待稍降溫，加入浸泡軟化的吉利丁片手攪拌至融化即可。

Brown Sugar Mille Crepe Cake

疊層結構：22 階層

<u>RECIPE 11</u> **黑糖圈圈千層**

強烈的黑糖香氣就是不一樣，

融合內層伯爵奶油餡，溫潤滑順、不膩口，

表層以深淺間色的一圈圈漩渦紋路，細緻美麗！

INGREDIENTS

黑糖麵皮

Ⓐ 全蛋 248g
　 沖繩黑糖 45g
Ⓑ 融化奶油 82g
　 鮮奶 510g
　 低筋麵粉 170g

夾層內餡

伯爵奶油餡（→ P68）

表面用

巧克力香緹（→ P134）
防潮糖粉
紫金巧克力（→ P60）

HOW TO MAKE

製作麵皮

01 千層麵皮的製作參見P18-25，煎成餅皮。6寸，約23片。

製作內餡

02 伯爵奶油餡的製作參見「黑旋風巧克力千層」P68。

抹餡組合

03 一層餅皮、一層伯爵奶油餡（約30g）。

04 一層餅皮抹上伯爵奶油餡，重複動作至全部疊完，約22層。用保鮮膜封好、冷藏，待稍定型。

裝飾完成

05 巧克力香緹製作參見「摩登豹紋千層」P134-135。

06 用抹刀在表面抹上稍具厚度的巧克力香緹，打底均勻。

07 將鋸齒刮板呈稍傾斜貼放表面，順著同方向旋畫出鋸齒紋路。

08 在外圍薄篩一圈糖粉（注意不要篩太厚），用巧克力飾片、紫金巧克力豆裝點。

Latte Mille
Crepe Cake

疊層結構：22 階層

RECIPE 12　魔幻歐蕾千層

淡淡的咖啡香氣、咖啡奶油的溫潤，
加點清脆堅果提升整體口感、豐富層次，
一款充滿大人成熟氣息的迷人風味。

咖啡麵皮

Ⓐ 全蛋 248g
　 細砂糖 45g
　 即溶咖啡粉 15g
Ⓑ 融化奶油 82g
　 鮮奶 510g
　 低筋麵粉 170g

咖啡奶油餡

動物性鮮奶油 250g
咖啡粉 15g
細砂糖 25g
葡萄糖漿 45g
58.5% 喜夢深黑巧克力 200g
無鹽奶油 10g

表面用

烏龍茶粉（細末）
可可粉
紫金巧克力豆

HOW TO MAKE

製作麵皮

01 千層麵皮的製作參見P18-25，煎成餅皮。6寸，約23片。

製作內餡

02 將鮮奶油加熱煮沸，加入咖啡粉、細砂糖拌煮至融化，至咖啡香氣逸出，再加入葡萄糖漿、融化的巧克力攪拌至融合，待降溫至約50℃，加入奶油拌勻，冷藏備用。

抹餡組合

03 一層餅皮、一層咖啡奶油餡（約30g）。

04 一層餅皮抹上咖啡奶油餡，重複動作直至全部疊完，約22層，輕壓塑整圓弧邊。

05 用保鮮膜封好、冷藏，待稍定型。

裝飾完成

06 巧克力豆與紫銅粉混勻上色。

07 在定型的千層表面外圍，篩灑薄薄一圈烏龍茶細粉後，再薄篩一層可可粉。

08 呈正、反相間的方式擺放上12顆紫金巧克力豆點綴。

> **提升美味小技巧**
>
> **紫金巧克力豆**
> 材料：巧克力豆（咖啡豆造型）、紫銅粉
> 作法：將巧克力豆、紫銅粉裝入塑膠袋內，束緊袋口，充分搖晃使色粉均勻附著巧克力豆表面即可。

Pumpkin Mille Crepe Cake

叠層結構
► 6 片（夾葡萄乾碎）
► 6 片（夾葡萄乾碎）
► 8 片

RECIPE 13　哈樂唯南瓜千層

自製南瓜餡，香濃、色澤金黃香甜，
搭配葡萄果乾碎，口感豐富相當獨特，
鮮明對比的營造出南瓜萬聖節氛圍。

南瓜麵皮

Ⓐ 全蛋 248g
　 細砂糖 45g
　 南瓜粉 16g
Ⓑ 融化奶油 82g
　 鮮奶 510g
　 低筋麵粉 170g

南瓜餡

Ⓐ 新鮮南瓜 600g
　 細砂糖 100g
Ⓑ 葡萄乾碎 20g

表面用

糖漬南瓜丁 60g
開心果粒、南瓜子
防潮糖粉、乾燥草莓碎粒

HOW TO MAKE

製作麵皮

01 千層麵皮的製作參見P18-25，煎成餅皮。6寸，約20片。

製作內餡

02 南瓜洗淨，切塊，蒸熟。用烤箱以上火150℃／下火150℃，烤約10分鐘至水分蒸發、烤乾，並趁熱搗壓碎，加入細砂糖拌勻，冷卻備用。

抹餡組合

03 一層餅皮、一層南瓜餡（約30g）。

04 疊層6片做底層，抹餡、鋪放葡萄乾碎（每層約10g）、表面抹餡。

POINT
也可將葡萄乾碎（50g）與南瓜餡直接混勻後使用。

05 重複鋪放6片，做葡萄乾夾層，頂層重複鋪放8片至疊合完成，輕壓塑整圓弧邊。用保鮮膜封好、冷藏。

裝飾完成

06 用擠花袋（圓形花嘴）在表面外圍擠上一圈南瓜餡，再鋪放糖漬南瓜丁、開心果碎粒、草莓碎粒點綴。表面中心篩灑上防潮糖粉，擺放南瓜子裝點。

提升美味小技巧

糖漬南瓜丁

材料：南瓜丁250g、水100g、細砂糖80g
作法：南瓜去皮，切成1cm小丁狀，用電鍋蒸約5分鐘。另將水、細砂糖煮至糖融化、沸騰，將南瓜丁浸泡糖水中蜜漬入味。

Taro Mille
Crepe Cake

疊層結構：22 階層

RECIPE 14 **紫藷甜心千層**

浪漫紫心色澤，挑動味蕾食欲，
用紫藷製作千層、糖漬紫藷丁，搭配香濃芋頭餡，
完成香甜綿密、色澤極其優雅的紫心千層。

INGREDIENTS

紫藷麵皮

Ⓐ 全蛋 248g
細砂糖 45g
紫藷粉 20g
Ⓑ 融化奶油 82g
鮮奶 510g
低筋麵粉 170g

鮮奶芋頭餡

紫芋頭 800g
細砂糖 160g
鮮奶 80g
動物性鮮奶油 150g

紫藷淋面

白巧淋面 100g（→ P102）
紫藷粉 4g

表面用

糖漬紫藷丁
栗子丁
乾燥草莓碎粒

HOW TO MAKE

製作麵皮

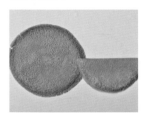

01 千層麵皮的製作參見P18-25，煎成餅皮。6寸，約23片。

製作內餡

02 芋頭去皮，切塊、蒸熟，趁熱搗壓成泥狀，加入細砂糖拌至糖融化，分次慢慢加入鮮奶、鮮奶油混合拌勻（可用網篩再篩壓細緻後使用）。

抹餡組合

03 一層餅皮、一層鮮奶芋頭餡（約30g）。

04 一層餅皮一層鮮奶芋頭餡，重複動作至全部疊完，約22層，輕壓塑整圓弧邊。用保鮮膜封好、冷藏。

裝飾完成

05 紫藷淋面。白巧淋面製作參見P102。白淋面加入紫藷粉調拌均勻至無粉粒。

06 將冰硬的千層表面淋上紫藷淋面披覆均勻，圍擺上糖漬紫藷丁、栗子丁，用乾燥草莓碎粒裝點。

提升美味小技巧

自製糖漬紫藷丁

材料：紫藷1小條、水100g、細砂糖80g
作法：紫藷去皮、水煮至熟，取出，瀝乾水分、切丁，待冷卻。另將水、細砂糖煮至糖融化、沸騰，將紫藷丁浸泡糖水中蜜漬入味。

Black Forest Mille
Crepe Cake

疊層結構：22 階層

RECIPE 15　黑爵櫻桃森林千層

深邃的可可餅皮搭配酸甜櫻桃餡，表層覆滿巧克力細屑，

香濃苦甜的巧克力、濃厚香氣的酒漬櫻桃，

層層綻放濃郁香甜，風味層次細膩。

可可麵皮

Ⓐ 全蛋 300g
　 細砂糖 45g
　 大輝可可粉 22g
Ⓑ 鮮奶 188g
　 沙拉油 188g
　 低筋麵粉 105g

酸櫻桃餡

冷凍酸櫻桃 680g
細砂糖 340g
干邑橙酒 87g
玉米粉 47g
吉利丁片 12g

表面用

酸櫻桃餡
酒漬櫻桃
巧克力屑
防潮糖粉
金箔

HOW TO MAKE

製作麵皮

01　千層麵皮的製作參見P18-25，煎成餅皮。6寸，約23片。

製作內餡

02　橙酒、玉米粉攪拌均勻。酸櫻桃、糖煮至軟化，加入拌勻玉米粉拌煮至濃稠，加入浸泡軟化的吉利丁拌至融化，待冷卻，用均質機攪打細緻均勻即可。（自製櫻桃餡完成後要先均質細緻過再使用）

抹餡組合

03　一層餅皮、一層酸櫻桃餡（約30g）。

04　一層餅皮抹一層酸櫻桃餡，重複動作至全部疊完，約22層。

05　輕壓塑整圓弧邊，用保鮮膜封好、冷藏。

裝飾完成

06　酒漬櫻桃、巧克力屑備妥。

07　用抹刀在表面抹上酸櫻桃餡，由外圍往中心處鋪滿巧克力屑、等間距放上酒漬櫻桃，篩灑上糖粉，用金箔點綴。

Chocolate Oreo
Mille Crepe Cake

疊層結構
- ▶ 5 片（夾餅乾屑）
- ▶ 5 片（夾餅乾屑）
- ▶ 5 片（夾餅乾屑）
- ▶ 5 片

RECIPE 16 黑旋風巧克力千層

深黑可可餅皮披覆濃厚的伯爵奶油餡，

滿滿巧克力餅屑、口感酥香，奶香醇厚，滋味層層，

每一口都吃得到巧克力的濃郁好滋味。

深黑可可麵皮

Ⓐ 全蛋 300g
　細砂糖 45g
　深黑可可粉 15g
Ⓑ 鮮奶 188g
　沙拉油 188g
　低筋麵粉 105g

夾層內餡

Ⓐ 伯爵奶油餡
　動物性鮮奶油 150g
　鮮奶 350g
　伯爵茶包 3 包
　葡萄糖漿 100g
　58.5% 喜夢深黑巧克力 800g
　無鹽奶油 50g
Ⓑ OREO 餅乾

表面用

OREO 餅乾粉
防潮糖粉
酒漬櫻桃

HOW TO MAKE

製作麵皮

01 千層麵皮的製作參見P18-25，煎成餅皮。6寸，約20片。

製作內餡

02 鮮奶油、鮮奶加熱煮沸，加入伯爵茶包煮至香氣逸出（約5分鐘），瀝取茶包汁液、去除茶包。將損耗掉的鮮奶油補足重量（例如，實重515g，煮好後剩480g，要再加入鮮奶油35g）。

03 加入葡萄糖漿、融化黑巧克力攪拌至融合，待降溫至約50℃，加入奶油拌勻，冷藏備用。

抹餡組合

04 一層餅皮、一層伯爵奶油餡（約30g）。

05 將OREO餅乾剝除夾心餡，裝入塑膠袋中，用擀麵棍擀壓成細塊。

06 疊層5片做底層，抹餡、鋪放OREO餅乾碎、表面抹餡。

07 重複鋪放5片，做OREO餅乾碎夾層（重複3次），頂層重複鋪放5片至疊合完成，輕壓塑整圓弧邊。用保鮮膜封好、冷藏。

裝飾完成

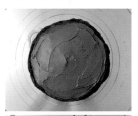

08 用抹刀在表面抹上一層伯爵奶油餡，篩灑OREO餅乾屑。

09 中心處篩灑糖粉、並在相間處放上4個酒漬櫻桃。

Chapter 2

進階升級！華麗食尚風

全面進級的各式華麗風味！在基本的法式千層上，增加一點手法變化，層次組合、披覆淋面、霜飾裝點、職人等級外觀、多重口味層次，精緻又美味，媲美甜點名店的奢華級千層蛋糕。

Custard Cream
Mille Crepe Cake

叠層結構：22 階層

RECIPE 17　雪白夢幻千層

柔軟Q彈千層，夾入濃郁卡士達奶油餡，
表層再搭配稍有厚度的奶油餡，溫潤爽口。
以基本的口味來營造令人驚喜的絕美食感！

千層麵皮

Ⓐ 全蛋 248g
　 細砂糖 45g
Ⓑ 融化奶油 82g
　 鮮奶 510g
　 低筋麵粉 170g

夾層內餡

卡士達鮮奶油（→ P27）

表面用

打發植物性鮮奶油
糖漬小蘋果
乾燥草莓碎粒
防潮糖粉

HOW TO MAKE

製作麵皮

01 千層麵皮的製作參見P18-25，煎成餅皮。6寸，約23片。

POINT
為避免口感變得乾燥，煎好的餅皮最好用保鮮膜覆蓋，特別是邊緣容易風乾的部分也要包覆住。

製作內餡

02 卡士達奶油餡的製作參見P27。將卡士達奶油餡與打發鮮奶油輕拌混勻。

抹餡組合

03 一層餅皮、一層卡士達鮮奶油（約30g）。

04 一層餅皮抹上卡士達鮮奶油，重複動作至全部疊完，約22層。

05 輕壓塑整圓弧邊。用保鮮膜封好、冷藏。

裝飾完成

06 用擠花袋（圓形花嘴）沿著圓邊，由外往內、一圈圈擠上鮮奶油霜飾，並擠上大、小圓錐霜飾裝點。

07 表面篩灑糖粉，用切片的糖漬小蘋果片、乾燥草莓碎粒交錯點綴。

POINT
市售糖漬小蘋果。

Sakura Mille
Crepe Cake

疊層結構：22 階層

RECIPE 18　**粉櫻吹雪千層**

把櫻花粉融入美味的甜點裡，

粉嫩色調，細緻優雅香氣，光看就很特別，

加了鹽漬櫻裝點，更添和風春暖的甜蜜氣息。

櫻花麵皮

Ⓐ 全蛋 248g
　 細砂糖 45g
　 櫻花粉 12g
Ⓑ 融化奶油 82g
　 鮮奶 510g
　 低筋麵粉 170g

櫻花卡士達奶油餡

Ⓐ 鮮奶 400g
　 香草莢 1 支
　 細砂糖 52g
Ⓑ 蛋黃 96g
　 細砂糖 48g
　 卡士達粉 36g
　 櫻花粉 12g
Ⓒ 打發動物性鮮奶油 400g

表面用

鹽漬櫻花
櫻花粉
防潮糖粉

前置作業

01 鹽漬櫻花用冷開水浸泡，稀釋鹽分，放在紙巾上拭乾多餘水分。

製作麵皮

02 千層麵皮的製作參見P18-25，煎成餅皮。6寸，約23片。

製作內餡

03 香草莢剖開、用刀背刮取香草籽。將香草籽莢、香草籽與材料Ⓐ放入鍋中，用中大火加熱煮至沸騰，取出香草莢。

04 將材料Ⓑ攪拌混合均勻，再將作法③分次加入攪拌混合，用小火回煮，邊攪拌混合邊煮至沸騰呈濃稠狀、亮澤滑潤狀態。

05 倒入盛皿中攤平，表面覆蓋保鮮膜，冷藏。取出與打發鮮奶油輕拌混勻即可。

抹餡組合

06 一層餅皮、一層櫻花卡士達奶油餡（約30g），重複動作至全部疊完，約22層，輕壓塑整圓弧邊。用保鮮膜封好、冷藏。

裝飾完成

07 櫻花粉、防潮糖粉充分混合均勻。在表面薄篩一層櫻花糖粉。

08 將千層平均分切成8等份，每等份表面擺放浸泡後的鹽漬櫻花點綴。

Raspberry Mille
Crepe Cake

疊層結構：22 階層

<u>RECIPE 19</u> **歐夏蕾莓果千層**

薄透餅皮間，結合莓果淡雅的色澤與香氣，
在鑲嵌著果肉的頂層表面，蘊藏著滑順的鮮奶油霜，
頂層覆以柔美系食材，營造出賞心悅目的夢幻視覺。

覆盆子麵皮

Ⓐ 全蛋 300g
　 細砂糖 45g
　 覆盆子粉 15g
Ⓑ 鮮奶 188g
　 沙拉油 188g
　 低筋麵粉 105g

夾層內餡

覆盆子奶油餡（→ P28）

表面用

打發植物性鮮奶油
糖漬龍眼
乾燥草莓碎粒
水果丁
彩色糖珠

HOW TO MAKE

製作麵皮

01 千層麵皮的製作參見P18-25，煎成餅皮。6寸，約23片。

製作內餡

02 覆盆子奶油餡的製作參見P28。

抹餡組合

03 一層餅皮、一層覆盆子奶油餡（約30g）。

04 一層餅皮抹上覆盆子奶油餡，重複動作至全部疊完，約22層，輕壓塑整圓弧邊。用保鮮膜封好、冷藏。

裝飾完成

05 糖漬龍眼（或新鮮荔枝肉）瀝出，用餐巾紙拭乾水分。

06 糖漬龍眼鋪放表面；用擠花袋（圓形、菊花花嘴）擠出圓錐狀、鋸齒狀鮮奶花霜飾。

07 用水果丁、乾燥草莓碎粒、彩色糖珠及薄荷葉點綴。

POINT

自製彩色糖珠。將白色脆球巧克力、金粉裝入塑膠袋內，束緊袋口，充分搖晃使色粉均勻附著巧克力球表面即可。

Matcha Mille Crepe Cake

疊層結構：22 階層

RECIPE 20

極上抹茶千層

抹茶本身的香氣就很有吸引力，
結合特製抹茶奶油餡，表層再以淋面披覆，
更加突顯抹茶淡雅又深邃豐富的滋味。

抹茶麵皮

Ⓐ 全蛋 300g
　 細砂糖 45g
　 抹茶粉 15g
Ⓑ 鮮奶 188g
　 沙拉油 188g
　 低筋麵粉 105g

抹茶奶油餡

動物性鮮奶油 500g
葡萄糖漿 200g
31% 喜夢白巧克力 400g
抹茶粉 20g
無鹽奶油 20g

表面用

抹茶奶油餡
杏仁片（烤過）
抹茶粉

HOW TO MAKE

製作麵皮

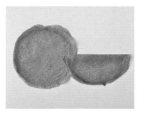

01 千層麵皮的製作參見P18-25，煎成餅皮，6寸，約23片。

製作內餡

02 將鮮奶油加熱，加入葡萄糖漿、過篩抹茶粉拌勻，再加入白巧克力拌勻，加入奶油攪拌至完全乳化，冷藏後隔天打發使用。

抹餡組合

03 一層餅皮、一層抹茶奶油餡（約30g），重複動作至全部疊完，約22層，輕壓塑整圓弧邊。用保鮮膜封好、冷藏。

裝飾完成

04 用抹刀在表面抹上稍具厚度的抹茶奶油餡，由外往內、旋畫出漩渦紋路，並沿至側面塗抹均勻。

POINT
抹刀平貼後呈稍具角度，邊轉動蛋糕轉台，邊旋畫霜飾紋路。

05 杏仁片烤上色。沾黏底部圍邊，表面篩灑抹茶粉裝點。

POINT
杏仁片用烤箱烤至上色後使用。色澤金黃美觀，口感香酥脆。

Honey Scented Black Tea Mille Crepe Cake

疊層結構：22 階層

RECIPE 21 蜜香美人千層

清香甘醇的茶香加上鮮奶油，融合成淡淡奶茶風味，
結合白巧克力的甜味調出迷人的茶香內餡，
一層一層輕盈堆層出和洋融合的極致香滑風味。

紅茶麵皮

Ⓐ 全蛋 248g
　細砂糖 45g
　蜜香紅茶粉 18g
Ⓑ 融化奶油 82g
　鮮奶 510g
　低筋麵粉 170g

蜜香紅茶餡

動物性鮮奶油 700g
蜜香紅茶粉 30g
31% 喜夢白巧克力 600g
動物性鮮奶油 900g

表面用

蜜香紅茶餡
蜜香紅茶粉
乾燥薰衣草

HOW TO MAKE

製作麵皮

01 千層麵皮的製作參見P18-25，煎成餅皮。6寸，約23片。

製作內餡

02 將鮮奶油（700g）加熱煮沸，加入蜜香紅茶粉煮至香氣逸出，待降溫至約60℃，加入白巧克力攪拌至完全乳化，再加入鮮奶油（900g）攪拌均勻，冷藏1天後，再打發使用。

抹餡組合

03 一層餅皮、一層蜜香紅茶餡（約30g）。

04 一層餅皮抹上蜜香紅茶餡，重複動作至全部疊完，約22層，輕壓塑整圓弧邊。用保鮮膜封好、冷藏。

裝飾完成

05 用抹刀在表面均勻抹上稍具厚度的蜜香紅茶餡、打底，再稍呈角度由外圍朝內旋畫出紋路。

06 蜜香紅茶粉打成細末。用圓形模框沾壓蜜香紅茶細末，輕壓千層表面。

07 灑上薰衣草裝點。

Oolong Tea Mille
Crepe Cake

疊層結構：22 階層

RECIPE 22　**雙茶花香千層**

在餅皮和內餡裡使用了烏龍茶，茶的味道更加鮮明，
清爽甘香，不帶絲毫苦澀感，
多了成熟的大人味，口感層次令人驚艷。

INGREDIENTS

烏龍茶麵皮

Ⓐ 全蛋 248g
　細砂糖 45g
　烏龍茶粉 18g
Ⓑ 融化奶油 82g
　鮮奶 510g
　低筋麵粉 170g

烏龍茶風味餡

動物性鮮奶油 375g
烏龍茶粉 25g
58.5% 喜夢深黑巧克力 300g
動物性鮮奶油 500g

表面用

烏龍茶粉
金粉、金箔

HOW TO MAKE

製作麵皮

01 千層麵皮的製作參見P18-25，煎成餅皮。6寸，約23片。

製作內餡

02 鮮奶油（375g）加熱，加入烏龍茶粉煮至香氣逸出。

03 加入深黑巧克力拌勻至完全乳化，再加入鮮奶油（500g）混合拌勻，倒入容器中，覆蓋保鮮膜冷藏1天，取出打發後使用。

抹餡組合

04 一層餅皮、一層烏龍茶風味餡（約30g）。

05 一層餅皮抹上烏龍茶香風味餡，重複動作至全部疊完，約22層，輕壓塑整圓弧邊。用保鮮膜封好、冷藏。

裝飾完成

06 用擠花袋（菊花花嘴）沿著圓邊整齊擠上奶油花，由外往中間，一圈一圈擠滿整個表面。

07 頂部薄篩一層金粉營造亮澤度，用金箔點綴。

POINT
食用性金粉及金箔在一般烘焙材料行即可購得。

Sencha Mille
Crepe Cake

疊層結構：22 階層

RECIPE 23　**和風煎茶千層**

煎茶香氣清爽，聞得到淡淡茶香，
與溫潤滑順的煎茶奶油餡相當的搭，
清新、香甜不膩口。

煎茶麵皮

Ⓐ 全蛋 248g
　細砂糖 45g
　和風煎茶粉 15g
Ⓑ 融化奶油 82g
　鮮奶 510g
　低筋麵粉 170g

和風煎茶奶油餡

動物性鮮奶油 375g
和風煎茶粉 25g
38% 喜夢牛奶巧克力 150g
動物性鮮奶油 550g

表面用

和風煎茶奶油餡
和風煎茶、榛果碎

POINT
和風煎茶粉也可用等量的玄米茶粉代替使用。

HOW TO MAKE

製作麵皮

01 千層麵皮的製作參見P18-25，煎成餅皮。6寸，約23片。

製作內餡

02 鮮奶油（375g）加熱，加入和風煎茶煮至香氣逸出。

03 加入牛奶巧克力拌勻至完全乳化，再加入鮮奶油（550g）混合拌勻，倒入容器中，覆蓋保鮮膜冷藏1天，取出打發後使用。

抹餡組合

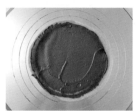

04 一層餅皮、一層和風煎茶奶油餡（約30g），重複動作至全部疊完，約22層，輕壓塑整圓弧邊。用保鮮膜封好、冷藏。

裝飾完成

05 和風煎茶奶油餡攪拌打發。用抹刀在表面抹上稍具厚度的和風煎茶奶油餡，由外往內旋動畫出漩渦狀紋路。

06 和風煎茶粉磨成細末，篩灑外圍，再沿著圓邊撒上榛果碎裝點。

POINT
烤過的榛果碎，也可用焦糖榛果粒來代替，製作參見P102。

Ganache Mille Crepe Cake

疊層結構：22 階層

RECIPE 24　**法爵貝雷克千層**

散發濃郁香氣的巧克力千層！
可可餅皮與櫻桃巧克力餡為基底，表層再抹上甘納許，
香甜濃郁不甜膩，豐富視覺，更增添入口的層次滋味。

可可麵皮

Ⓐ 全蛋 300g
　細砂糖 45g
　大輝可可粉 22g
Ⓑ 鮮奶 188g
　沙拉油 188g
　低筋麵粉 105g

櫻桃酒巧克力餡

動物性鮮奶油 375g
轉化糖漿 30g
奶油 20g
櫻桃白蘭地 45g
58.5% 喜夢深黑巧克力 300g

表面用

巧克力甘納許
（→ P29）
焦糖堅果碎
（→ P102）
可可碎粒

HOW TO MAKE

製作麵皮

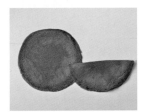

01 千層麵皮的製作參見P18-25，煎成餅皮。6寸，約23片。

製作內餡

02 鮮奶油、黑巧克力隔水加熱融化，加入轉化糖漿拌勻，待降溫至約60℃，加入奶油、櫻桃白蘭地混合拌勻。

抹餡組合

03 一層餅皮、一層櫻桃酒巧克力餡（約30g），將內餡往外圍延展抹勻。

04 一層餅皮抹一層櫻桃酒巧克力餡，重複動作至全部疊完，約22層，輕壓塑整圓弧邊，用保鮮膜封好、冷藏。

裝飾完成

05 焦糖堅果碎製作參見P102。巧克力甘納許製作參見P29。

06 用抹刀在表面抹上巧克力甘納許，由中心往外側延展均勻。

07 將抹刀呈傾角度，由外圍朝中心，邊旋動邊畫出漸層圓弧紋飾。

08 在外圍灑上焦糖堅果碎、可可碎粒裝點。

Mont Blanc Mille
Crepe Cake

疊層結構
- ► 6 片（夾栗子丁）
- ► 6 片（夾栗子丁）
- ► 8 片

RECIPE 25　栗子蒙布朗千層

柔軟綿密堆疊千層，頂層覆滿栗子蘭姆餡，

表層點綴上栗子，創作出口感變化，帶來浪漫的法式風情。

INGREDIENTS

千層麵皮

Ⓐ 全蛋 300g
　 細砂糖 45g
Ⓑ 鮮奶 188g
　 沙拉油 188g
　 低筋麵粉 105g

栗子蘭姆餡

Ⓐ 有糖栗子泥 1000g
　 鮮奶油 200g
　 蘭姆酒 20g
Ⓑ 卡士達鮮奶油 200g
　 （→ P27）
Ⓒ 栗子粒 30g

表面用

栗子餡 300g
（Chestnut Paste）
焦糖堅果碎
（→ P102）
抹茶酥菠蘿
（→ P102）
防潮糖粉

HOW TO MAKE

製作麵皮

01 千層麵皮的製作參見P18-25，煎成餅皮。6寸，約20片。

製作內餡

02 將栗子泥先打軟，分次慢慢加入鮮奶油攪拌至融合，再加入蘭姆酒拌勻。卡士達奶油餡的製作參見P27。將作法②與卡士達奶油餡混合拌勻即可。

抹餡組合

03 一層餅皮、一層栗子蘭姆餡（約30g）。

04 疊層6片做底層，抹餡、鋪放栗子丁（約15g）、表面抹餡，鋪餅皮。

05 再抹餡、鋪餅皮，重複鋪放6片，做栗子丁夾層，重複鋪放8片至疊合完成，輕壓塑整圓弧邊。用保鮮膜封好、冷藏。

裝飾完成

06 栗子餡拌勻。用抹刀先將表面薄抹一層栗子餡打底。

07 用擠花袋（蒙布朗花嘴）以橫向一層、縱向一層的方式，擠上栗子餡覆蓋滿表面。

08 在中心處鋪放上焦糖堅果碎，底部用抹茶酥菠蘿粒圍邊即可。

POINT
蒙布朗花嘴。

Passion fruit
& Mango Mille
Crepe Cake

疊層結構：22 階層

<u>RECIPE 26</u> **慕夏雙果千層**

百香果醬與香滑奶油融合、交疊，
芒果、百香果，雙果微酸微甜好滋味，
盛夏濃郁酸甜果香的至尊美味！

可可麵皮

Ⓐ 全蛋 300g
　　細砂糖 45g
　　大輝可可粉 22g
Ⓑ 鮮奶 188g
　　沙拉油 188g
　　低筋麵粉 105g

百香果奶油餡

百香果果泥 200g
芒果果泥 50g
鮮奶 250g
細砂糖 80g
蛋黃粉 60g
蛋黃 120g
細砂糖 80g
無鹽奶油 250g

表面用

Ⓐ 百香果肉 50g
　　鏡面果膠 150g
Ⓑ 水蜜桃
　　開心果碎粒

POINT
百香果果肉與鏡面果膠
的使用比例約為1：3。

HOW TO MAKE

製作麵皮

01 千層麵皮的製作參見P18-25，煎成餅皮。6寸，約23片。

製作內餡

02 百香果果泥、芒果果泥加熱煮沸。另將鮮奶、細砂糖、蛋黃粉混合拌勻。

03 將蛋黃、細砂糖拌勻，先倒入煮沸的果泥中混合拌勻，再加到混拌鮮奶中邊加熱邊拌煮至濃稠，待涼降溫加入奶油拌勻備用。

抹餡組合

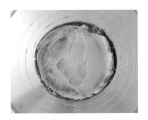

04 一層餅皮、一層百香果奶油餡（約30g）。

05 一層餅皮抹上一層百香果奶油餡，重複動作至全部疊完，約22層。

06 輕壓塑整圓弧邊。用保鮮膜封好、冷藏。

裝飾完成

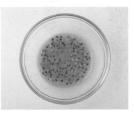

07 挖取百香果果肉與鏡面果膠混合拌勻，做成百香果淋面。

08 水蜜桃切成片，圍鋪外側呈花形，並在表面中心處淋入百香果淋面，邊緣用開心果碎粒點綴、篩灑糖粉裝飾。

Pistachio Paste
Mille Crepe Cake

疊層結構：22 階層

RECIPE 27　綠光寶盒千層

使用雙色奇異果、水蜜桃、小蘋果、開心果香緹，
營造出粉綠系甜點，繽紛的水果球宛如寶盒裡的珠寶，
光從外表就能讓人感受到幸福的甜蜜滋味。

INGREDIENTS

紫薯麵皮

Ⓐ 全蛋 300g
　 細砂糖 45g
　 紫薯粉 18g
Ⓑ 鮮奶 188g
　 沙拉油 188g
　 低筋麵粉 105g

開心果香緹

北海道十勝奶霜 600g
開心果醬 20g
糖粉 100g

表面用

奇異果、糖漬小蘋果
藍莓

HOW TO MAKE

製作麵皮

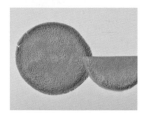

01 千層麵皮的製作參見P18-25，煎成餅皮。6寸，約23片。

製作內餡

02 將十勝奶霜、糖粉、開心果醬拌勻攪拌打發即可使用。

抹餡組合

03 一層餅皮、一層開心果香緹（約30g）。疊上另一層，重複動作至全部疊完，約22層，輕壓塑整圓弧邊。用保鮮膜封好、冷凍。

裝飾完成

04 用抹刀平貼表面，將開心果香緹從表面沿及側面塗抹均勻，打底抹面。

05 用擠花袋（圓形花嘴）沿著圓邊擠上水滴狀霜飾；側邊薄抹出自然霜飾紋路。

06 用挖球器挖取水果球，瀝乾糖漬小蘋果水分，將水果球鋪放表面，用藍莓點綴縫隙即可。

Chocolate Caramel
Mille Crepe Cake

疊層結構：22 階層

RECIPE 28　焦糖甘納許千層

茶香和焦糖非常的速配對味，
以帶有茶香的餅皮搭配焦糖風味的濃郁內餡，
層疊融合的香氣與口感，佐以焦糖甘納許，令人垂涎。

INGREDIENTS

烏龍茶麵皮

Ⓐ 全蛋 248g
　細砂糖 45g
　烏龍茶粉 18g
Ⓑ 融化奶油 82g
　鮮奶 510g
　低筋麵粉 170g

夾層內餡

Ⓐ 十勝焦糖醬
　細砂糖 125g
　鹽 0.5g
　奶油 27g
　十勝鮮奶油 115g
Ⓑ 十勝焦糖香緹
　十勝鮮奶油 600g
　十勝焦糖醬 180g

表面用

焦糖甘納許
（→ P26）
法式栗子
彩色糖珠
防潮糖粉

HOW TO MAKE

製作麵皮

01 千層麵皮的製作參見P18-25，煎成餅皮。6寸，約23片。

製作內餡

02 十勝焦糖醬。細砂糖、鹽加熱煮至焦糖狀，分次加入鮮奶油拌勻，再加入奶油拌煮至沸騰融合，放涼備用。

03 十勝焦糖香緹。取作法②焦糖醬（180g）、鮮奶油先拌勻，密封冷藏，待使用時直接攪拌打發後使用。

抹餡組合

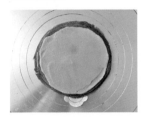

04 一層餅皮、一層焦糖香緹（約30g）。

05 一層餅皮抹上焦糖香緹，重複動作至全部疊完，約22層，輕壓塑整圓弧邊。用保鮮膜封好、冷藏。

裝飾完成

06 焦糖甘納許製作參見P26。用擠花袋（菊花花嘴）以整齊水平方向，在表面擠滿焦糖甘納許。

07 擠上小型的螺紋狀霜飾。

08 擺放栗子粒、彩色糖珠，外圍篩灑上糖粉點綴。

Tiramisu Mille
Crepe Cake

疊層結構：22 階層

RECIPE 29 提拉米蘇千層

茶香餅皮的手工堆疊，加入特調的卡士達提拉米蘇餡，
表層以甘納許打底，覆滿香氣十足的可可，
融入經典口味的新變化，看起來相當迷人。

INGREDIENTS

烏龍茶麵皮

Ⓐ 全蛋 248g
　　細砂糖 45g
　　烏龍茶粉 18g
Ⓑ 融化奶油 82g
　　鮮奶 510g
　　低筋麵粉 170g

提拉米蘇餡

Ⓐ 鮮奶 375g
　　北海道十勝奶霜 125g
　　香草莢 1 支
Ⓑ 蛋黃 120g
　　玉米粉 12g
　　卡士達粉 23g
Ⓒ 提拉米蘇醬 50g

表面用

焦糖甘納許
（→ P26）
防潮可可粉
紫金巧克力豆

HOW TO MAKE

製作麵皮

01 千層麵皮的製作參
見P18-25，煎成餅皮。
6寸，約23片。

製作內餡

02 鮮奶、奶霜與剖開
的香草籽、香草莢加熱
煮至沸騰。

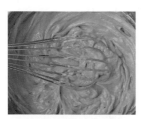

03 將材料Ⓑ攪拌混合
均勻，再將作法②分次
加入攪拌混合，小火回
煮，邊攪拌混合邊煮至
沸騰呈濃稠、亮澤滑潤
狀態。加入提拉米蘇醬
拌勻。

抹餡組合

04 一層餅皮、一層提
拉米蘇餡（約30g）。

05 一層餅皮抹上提拉
米蘇餡，重複動作至全
部疊完，約22層。

06 輕壓塑整圓弧邊。
用保鮮膜封好、冷藏。

裝飾完成

07 用抹刀在表面抹上
稍具厚度的焦糖甘納
許。

08 由外往內旋動，以
同心圓的方式抹出漩渦
紋路。

09 最後再篩灑一層防
潮可可粉即可。

Caramel Macchiato
Mille Crepe Cake

疊層結構：20 階層（夾層咖啡凍）

RECIPE 30 　**焦糖瑪奇朵千層**

繁複層次堆疊，讓餅皮與內餡達到絕美平衡，
以帶有咖啡香氣的軟凍覆頂，加之可可、堅果碎，
口感層次提升，營造別有一番風味的印象。

千層麵皮
咖啡千層麵皮 20 片
（→ P60）

咖啡凍
水 500g
細砂糖 60g
寒天粉 14g
咖啡粉 8g

瑪奇朵奶油餡
動物性鮮奶油 670g
糖粉 35g
咖啡粉 4g
吉利丁片 6g
君度橙酒 30g

表面用
榛果粒
焦糖堅果碎
（→ P102）
打發植物性鮮奶油
防潮可可粉

HOW TO MAKE

製作麵皮

01 千層麵皮的製作參見P60，煎成餅皮。6寸，約21片。

製作內餡

02 吉利丁片、君度橙酒浸泡軟化。

03 鮮奶油加熱（約70℃），加入咖啡粉、糖粉拌勻，再加入作法②拌合融化，冷藏靜置隔天，攪拌打發使用。

製作咖啡凍

04 細砂糖、寒天粉混合拌勻。

05 水、咖啡粉加熱煮沸，加入混勻的粉類拌煮至沸騰，隔水降溫。

06 將圓形模框底部用保鮮膜包覆，倒入咖啡凍液，待冷卻、凝固，脫模。

抹餡組合

07 一層餅皮、一層咖啡瑪奇朵餡（約30g）。

08 一層餅皮抹上咖啡瑪奇朵餡，重複動作至全部疊完，約20層，輕壓塑整圓弧邊。用保鮮膜封好、冷藏，待稍定型。

裝飾完成

09 植物性鮮奶油攪拌打發。將咖啡凍鋪放表面，用擠花袋（圓形花嘴）沿著外圍擠上水滴狀霜飾圍邊裝飾。

10 用焦糖堅果碎沿著圓邊點綴、表層篩灑少許可可粉裝點。

Hazelnut Chocolate
Mille Crepe Cake

疊層結構：22 階層

RECIPE 31　榛愛金莎巧克力千層

濃郁香氣焦糖榛果、滑順甘納許巧克力，
雙倍金莎巧克力的千層版！
讓人無法抗拒的美味金莎巧克力千層。

INGREDIENTS

焦糖麵皮

Ⓐ 全蛋 248g
　　細砂糖 45g
　　焦糖醬 24g
Ⓑ 融化奶油 82g
　　鮮奶 510g
　　低筋麵粉 170g

夾層內餡

焦糖甘納許（→ P26）

表面用

焦糖甘納許（→ P26）
焦糖榛果粒
可可碎粒

HOW TO MAKE

製作麵皮

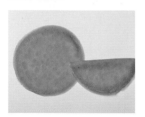

01 千層麵皮的製作參見P18-25，煎成餅皮。6寸，約23片。

製作內餡

02 焦糖甘納許的製作參見P26。

抹餡組合

03 一層餅皮、一層卡焦糖甘納許（約30g）。

04 一層餅皮抹上焦糖甘納許，重複動作至全部疊完，約22層，輕壓塑整圓弧邊。用保鮮膜封好、冷藏。

裝飾完成

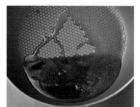

05 用抹刀平貼表面，將焦糖甘納許抹勻表面，沿及側面塗抹均勻，完成稍具厚度的抹面。

06 將細砂糖小火煮至融化成焦糖色，放入烤過的榛果粒沾裹均勻，用竹籤拉出糖絲狀。

07 表面放上焦糖榛果、可可碎粒裝飾，底部用焦糖甘納許擠出霜飾圍邊裝飾。

口感更加升級的
手作配料

將手作的堅果碎用在夾層裡，將
配料鋪放點綴表面，或以淋面披
覆表面，在配料上多加點巧思，
嘗試不同的組合搭配，就能做出
風味更多元的法式千層。

焦糖堅果碎

材料：細砂糖237g、水66g、鹽3g、
　　　烤過榛果350g

作法：
① 細砂糖、水、鹽加熱煮融，煮至呈焦糖
　 色狀態，加入榛果沾裹拌勻。
② 將作法①倒在烤盤上，撥散開、待冷卻
　 用調理機打細碎後使用。

抹茶酥菠蘿

材料：無鹽奶油80g、細砂糖120g、鹽1g、全蛋10g、杏仁粉80g、
　　　低筋麵粉70g、抹茶粉10g

作法：
① 將奶油、細砂糖、鹽攪拌鬆發，加入蛋液攪拌融合，再加入過
　 篩粉類混合拌勻。
② 將麵團放入塑膠袋內稍壓平，稍冰硬切塊（或用篩網壓成顆粒
　 狀），以上火160℃／下火160℃，烤約20分鐘、烤乾即可。

棉花糖

材料：細砂糖300g、轉化糖漿48g、水108g、
蛋白120g、吉利丁片24g

作法：

① 細砂糖、水、轉化糖漿加熱煮到約130℃。

② 將蛋白用中速攪拌打至濃稠狀，慢慢加入作法①
繼續攪拌打發至呈挺立狀。

③ 再加入浸泡冰水軟化的吉利丁攪拌至滑稠狀態。

④ 用擠花袋（平口花嘴）擠成水滴狀，篩灑上混合
過篩的糖粉、玉米粉即可。

白巧淋面

材料：動物性鮮奶油150g、鮮奶150g、葡萄糖漿6g、吉利丁片16g、
31%喜夢白巧克力226g、鏡面果膠150g

作法：鮮奶油、鮮奶加熱，加入葡萄糖漿拌勻，待稍降溫，加入白巧克
力拌勻至完全乳化，加入浸泡軟化吉利丁拌融，再加入鏡面果膠
拌勻即可。

Chapter 3

挑戰變化！驚豔創意風

除了美味，還有各式新奇的花招！蜜蘋花冠、夏洛特、彩虹藏心、毛巾卷…多款令人憧憬的華麗造型蛋糕，用千層蛋糕也能做到，無法置信的簡單，無限創意，讓人驚豔的變化千層蛋糕。

Strawberry Mille Crepe Cake

疊層結構：20 階層

RECIPE 32　**莓果戀人千層**

薄薄的鮮奶油層，鋪滿酸甜誘人的草莓，
一層濃郁的卡士達，一層Q彈的千層餅皮，
在口中逐漸融化的酸甜滋味，滿滿的草莓，
融心、奢華級的草莓圓頂千層蛋糕。

INGREDIENTS

蔓越莓麵皮

Ⓐ 全蛋 248g
　細砂糖 45g
　蔓越莓粉 22g
Ⓑ 融化奶油 82g
　鮮奶 510g
　低筋麵粉 170g

夾層內餡

卡士達鮮奶油（→ P27）

表面用

打發植物性鮮奶油
草莓、藍莓
金箔、銀珠糖

HOW TO MAKE

製作麵皮

01 千層麵皮的製作參見P18-25，煎成餅皮。6寸，約21片。

製作內餡

02 卡士達奶油餡的製作參見P27。

03 將卡士達奶油餡、打發鮮奶油輕拌混勻，即成卡士達鮮奶油。

抹餡組合

04 一層餅皮、一層卡士達鮮奶油餡（約30g）。

05 重複動作至全部疊完，約22層，輕壓塑整圓弧邊。用保鮮膜封好、冷藏。

裝飾完成

06 植物性鮮奶油攪拌打至8-9分發。

07 用抹刀平貼表面，將打發鮮奶油從表面沿及側面塗抹均勻，做稍具厚度的抹面。

08 草莓去除蒂底部切平（表面用），部分切成薄片（側面用），用紙巾拭乾多餘水分。

09 將草莓片由側面底部往上，一圈一圈的緊密黏貼至略超於千層表面的高度。

10 表面用整顆草莓由外朝中間一圈一圈擺放，縫隙處用藍莓粒點綴。

POINT
鋪放草莓時盡量不留縫隙地鋪放較美觀。

Colorful Mille
Crepe Cake

疊層結構
► 6 片蝶豆（夾藍莓丁）
► 6 片可可
► 6 片原味（夾水蜜桃丁）
► 6 片藍莓（夾草莓丁）
► 6 片蔓越莓

RECIPE 33　花見彩虹千層

彩虹般層層堆疊的千層蛋糕，紋理層次的斷面相當美麗，
色彩斑斕、味道口感平衡，光看就倍感幸福的甜點。

5 色麵皮

蔓越莓千層麵皮 6 片
藍莓千層麵皮 6 片
原味千層麵皮 6 片
蝶豆花千層麵皮 6 片
可可千層麵皮 6 片

夾層內餡

Ⓐ 卡士達鮮奶油（→ P27）
Ⓑ 草莓、藍莓、水蜜桃

表面用

綜合水果丁
翻糖花、薄荷葉

HOW TO MAKE

製作麵皮

01 千層麵皮的製作參見P18-25。6寸、5色、每色約6片。

製作內餡

02 卡士達奶油餡的製作參見P27。

03 將卡士達奶油餡、打發鮮奶油輕拌混勻，即成卡士達鮮奶油。

抹餡組合

04 一層蝶豆花餅皮、一層卡士達鮮奶油（約30g）。

蝶豆階層

05 疊層6片做底層，抹餡、鋪放藍莓粒、表面抹餡。

可可階層

06 鋪放可可餅皮、抹餡，重複鋪放6片。

原味階層

07 再抹餡、鋪放原味餅皮，重複鋪放6片，抹餡、鋪放水蜜桃丁、表面抹餡。

藍莓階層

08 鋪放藍莓餅皮，重複鋪放6片，抹餡夾層草莓丁。

蔓越莓階層

09 再抹餡、鋪放蔓越莓餅皮，重複鋪放6片疊合完成，輕壓塑整圓弧邊。用保鮮膜封好、冷藏。

裝飾完成

10 表面鋪放上綜合水果丁、翻糖花、薄荷葉點綴。

POINT
也可以淋上少許果醬，再鋪放綜合水果丁來搭配。

Season Flavored
Mille Crepe Cake

疊層結構
▶ 2 片 / 巧克力蛋糕
▶ 4 片 / 芒果庫利
▶ 4 片 / 抹茶蛋糕
▶ 4 片 / 原味蛋糕
▶ 4 片 / 葡萄柚蛋糕
▶ 2 片

<u>RECIPE 34</u> **四 季 の 戀 千 層 蛋 糕**

浪漫限定！用五彩蛋糕，水果庫利搭配千層，

耀眼色彩，多重層次口感與風味，與摩登點綴手法，

絕對能滿足大多數人的味蕾。

想犒賞自己?試試兼具視覺與味覺享受的幸福組合。

Berry Cream Cheese
Mille Crepe Cake

疊層結構
► 5 片 / 蛋糕體（夾餡）
► 2 片 / 蛋糕體（夾餡）
► 2 片 / 蛋糕體（夾餡）
► 2 片

RECIPE 35　**粉雪莓果千層蛋糕**

淡淡的粉紅色讓千層蛋糕染上了羅曼蒂克的氣息，
酸甜的滋味更是令人喜愛不已，
單從外表就能讓人感受到幸福的甜蜜滋味。

116

INGREDIENTS

千層麵皮

原味千層麵皮 11 片（→ P18）

夾層內餡

Ⓐ 草莓乳酪餡
　　動性物鮮奶油 230g
　　吉利丁片 8g
　　31% 喜夢白巧克力 110g
　　草莓糖漿 100g
　　動物性鮮奶油 200g
　　四葉十勝奶油乳酪 40g
Ⓑ 蛋糕體 3 片（6 寸）
Ⓒ 草莓丁 45g

表面用

打發鮮奶油
草莓、藍莓
開心果碎粒
彩色糖珠、翻糖花

POINT

草莓糖漿為製作冰淇淋使用的醬料，若
買不到也可用草莓果泥代替。

HOW TO MAKE

製作麵皮

01 千層麵皮的製作參
見P18-25，煎成餅皮。
6寸，約11片。

02 原味、葡萄柚戚
風蛋糕體，製作參見
P142-143。

製作內餡

03 鮮奶油（230g）加
熱後，加入白巧克力拌
勻，加入浸泡軟化的吉利
丁拌至融化。

04 再加入奶油乳酪、草
莓糖漿拌勻，加入鮮奶
油（200g）拌勻，倒入容
器中，覆蓋保鮮膜冷藏1
天，取出打發後使用。

POINT

內餡打發後較蓬鬆，入口
即化；不打發，口感較為
厚實。

抹餡組合

05 一層餅皮、一層草莓
乳酪餡（約30g），疊層5
片做底層。

06 表面抹內餡，鋪放原
味蛋糕體、再抹勻打發
鮮奶油、鋪放草莓丁（每
層約15g）、抹勻打發鮮
奶油。

07 重複鋪放餅皮、抹
內餡，重複鋪放2片。

裝飾完成

08 表面抹內餡，鋪放葡萄柚蛋糕體、再抹勻打發鮮奶油、鋪放草莓丁、抹勻打發鮮奶油。

11 打發鮮奶油、食用紅色素混合拌勻。

13 將側面以上下呈直線的方式塗抹出相間紋路，完成稍具厚度的抹面，表面用草莓、藍莓裝飾側邊。

09 重複鋪放餅皮、抹內餡，重複鋪放2片。

10 表面抹內餡，鋪放原味蛋糕體、再抹勻打發鮮奶油、鋪放草莓丁、抹勻打發鮮奶油。重複鋪放餅皮、抹內餡，重複鋪放2片做頂層。用保鮮膜封好、冷藏。

12 用抹刀服貼側面，粉色打發鮮奶油抹勻側邊，並平貼表面打底抹勻。

Charlotte Mille
Crepe Cake

疊層結構
- ► 巧克力蛋糕體 1 層
- ► 抹餡 22 層（皮、餡）
- ► 手指餅圍邊

RECIPE 36 　**夏洛特千層蛋糕**

特殊日子就是要來點不一樣的，
利用層疊千層蛋糕抹面，圈圍上手指餅乾，
華麗又特別的經典蛋糕美麗成型。

千層麵皮

原味千層麵皮 23 片

夾層內餡

Ⓐ 巧克力蛋糕體（6寸）1 片
Ⓑ 卡士達鮮奶油餡（→ P27）
Ⓒ 水蜜桃丁

表面用

手指餅乾、打發動物性鮮奶油
草莓、藍莓、金箔

HOW TO MAKE

製作麵皮

01 千層麵皮的製作參見P18-25，煎成餅皮。6寸，約23片。

02 巧克力戚風蛋糕6寸。製作參見P142-143。

製作內餡

03 卡士達奶油餡的製作參見P27。

04 將卡士達奶油餡、打發鮮奶油輕拌混勻，即成卡士達鮮奶油。

抹餡組合

05 巧克力蛋糕體、抹上打發鮮奶油做為底層。

06 千層蛋糕體，一層餅皮、抹一層卡士達鮮奶油餡、水蜜桃丁、抹餡，疊上另一層，重複餅皮、抹餡、鋪水果丁的動作直至全部疊完，約22層。用保鮮膜封好、冷藏。

裝飾完成

07 用抹刀平貼表面，將打發鮮奶油從表面沿及側面塗抹均勻，打底抹面。

08 將手指餅沿著側面整齊黏貼圍起。

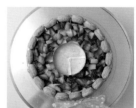

09 表面擺放圓形模框定位，沿著周圍鋪放草莓丁後，取出模框，圓形處鋪滿藍莓。

10 最後繫上緞帶綁成蝴蝶結裝飾完成。

Fruit Flavor Mille
Crepe Cake

疊層結構
► 6 片（夾水果）
► 6 片（夾水果）
► 4 片（夾水果）
► 4 片（夾水果）
► 4 片

<u>RECIPE 37</u> **真夏愛戀千層蛋糕**

層疊的千層蛋糕體，夾層飽滿水果、奶油餡，
酸甜風味馥郁，搭配卡士達奶油香緹，口感層次豐富，
一款充滿著南國風情，爽口滋味的華麗千層蛋糕。

INGREDIENTS

千層麵皮
原味千層麵皮 24 片

夾層內餡
卡士達鮮奶油餡（→ P27）

表面用
打發植物性鮮奶油
芒果丁、蜜桃丁
乾燥草莓碎粒、開心果粒
銀珠糖、食用玫瑰花瓣

HOW TO MAKE

製作麵皮

01 千層麵皮的製作參見P18-25，煎成餅皮。6寸，約24片。

製作內餡

02 卡士達鮮奶油餡的製作參見P27。將卡士達奶油餡、打發鮮奶油輕拌混勻，即成卡士達鮮奶油餡。

抹餡組合

03 芒果、水蜜桃切成厚度一致丁狀。

04 一層餅皮、一層卡士達鮮奶油（約30g）。

05 疊層6片做底層，抹餡、鋪放芒果、水蜜桃丁、表面抹餡，鋪餅皮（做1、2層）。

06 再抹餡、鋪餅皮，重複鋪放4片，做芒果、水蜜桃丁夾層（做3、4、5層）至疊合完成，輕壓塑整圓弧邊。用保鮮膜封好、冷藏。

裝飾完成

07 千層體用抹刀平貼側面，用卡士達餡先薄抹一層打底均勻。

08 用打發鮮奶油沿著打底層側面塗抹均勻，做抹面。

09 稍傾斜貼放側面，用抹刀圓弧端順著側邊旋畫出紋路。

10 用擠花袋（菊花花嘴）沿著上、下圓邊擠上鮮奶油花，放上銀珠糖，中間處鋪放水果丁、玫瑰花瓣、碎粒裝飾即成。

Rainbow Heart
Mille Crepe Cake

RECIPE 38　**彩虹藏心千層**

在千層中疊出特別的圖形，
切開後讓人充滿驚喜，彩虹愛心傳達情意，
獨一無二的手製千層夢幻系蛋糕，
最適合用來送禮祝福，表達心意的甜點禮物。

INGREDIENTS

千層麵皮
原味千層麵皮（→ P18）

夾層內餡
ⓐ 打發動物性鮮奶油 400g
ⓑ 紫、藍、綠、黃、橙、紅食用色素

表面用
蘋果花（→ P139）

────
POINT
底層、頂層各以4片為組，中間夾層3層一種顏色為
組，由下而上依序，紫色—藍色—綠色—黃色—橙
色—紅色，做疊層組合。

HOW TO MAKE

製作麵皮

01 千層麵皮的製作參
見P18-25。6寸，約25
片。

製作內餡

02 鮮奶油攪拌打至7-8
分發。

調製用色

03 打發鮮奶油分成6
份，分別加入食用色素
輕拌混合均勻。

抹餡組合

04 一層餅皮、抹勻一
層打發鮮奶油、鋪放餅
皮，疊層3片做底層。

05 備妥大小圓形組紙
型（1-18號紙型），1
種顏色由小到大依序使
用紙型（可用圓形模框
套組）。

06 抹勻鮮奶油、鋪放
第4片，中間放上❶號紙
型標記，在標記範圍內
抹勻紫色鮮奶油。

07 鋪放第5片，抹勻鮮
奶油，中間放上❷號紙
型標記，在標記範圍內
抹勻紫色鮮奶油。

08 鋪放第6片,中間放上❸號紙型標記,在標記處薄篩糖粉做範圍記號。

13 抹藍色鮮奶油,沿著藍色外圍抹鮮奶油。

11 依法做範圍記號,抹藍色鮮奶油,沿著藍色外圍抹鮮奶油。

09 取出紙型,在範圍內抹紫色鮮奶油,沿著紫色外圍抹鮮奶油。

16 鋪放第10片,中間放上❼號紙型標記,依法做範圍記號,抹綠色鮮奶油,沿著綠色外圍抹勻鮮奶油。

12 鋪放第8片,中間放上❺號紙型標記,依法做範圍記號。

14 鋪放第9片,中間放上❻號紙型標記,依法做範圍記號,抹藍色鮮奶油。

17 鋪放第11片,中間放上❽號紙型標記,依法做範圍記號,抹綠色鮮奶油,沿著綠色外圍抹勻鮮奶油。

10 鋪放第7片,中間放上❹號紙型標記。

18 鋪放第12片，中間放上❾號紙型標記，依法做範圍記號，抹綠色鮮奶油，沿著綠色外圍抹勻鮮奶油。

19 鋪放第13片，中間放上❿號紙型標記，依法做範圍記號，抹黃色鮮奶油，沿著黃色外圍抹勻鮮奶油。

20 鋪放第14片，中間放上⓫號紙型標記，依法做範圍記號，抹黃色鮮奶油，沿著黃色外圍抹勻鮮奶油。

21 鋪放第15片，中間放上⓬號紙型標記，依法做範圍記號，抹黃色鮮奶油，沿著黃色外圍抹勻鮮奶油。

22 鋪放第16片，中間放上⓭號紙型標記，依法做範圍記號，抹橙色鮮奶油，沿著橙色外圍抹勻鮮奶油。

23 鋪放第17片，中間放上⓮號紙型標記，依法做範圍記號，抹橙色鮮奶油，沿著橙色外圍抹勻鮮奶油。

24 鋪放第18片，中間放上⓯號紙型標記，依法做範圍記號，抹橙色鮮奶油，沿著橙色外圍抹勻鮮奶油。

25 鋪放第19片，中間放上⓰號中空紙型標記，依法做範圍記號，抹紅色鮮奶油，中心處均勻抹上鮮奶油，紅色外圍處抹上鮮奶油。

26 鋪放第20片，中間放上⓱號中空紙型標記，依法做範圍記號，抹紅色鮮奶油，中心處均勻抹上鮮奶油，紅色外圍處抹上鮮奶油。

27 鋪放第21片，中間放上⓲號中空紙型標記，依法做範圍記號，抹紅色鮮奶油，中心處抹上鮮奶油，紅色外圍處均勻抹上鮮奶油。

28 鋪放第22片，表面抹鮮奶油，再重複鋪放3片（第25片）。用保鮮膜封好、冷藏。

裝飾完成

29 另外也可用抹刀平貼表面，將打發鮮奶油從表面沿及側面塗抹均勻，做抹面，中間擺放上蘋果花裝飾即可。

127

Magic Mille
Crepe Cake

疊層結構：22 階層

<u>RECIPE 39</u> **黑金磚魔術千層**

繁複工序打造的方磚千層表面，
淋覆黑巧克力，佐以清香的抹茶真是絕配，
同時能享用到抹茶清香與香濃滑順巧克力的幸福滋味。

夾層卡士達鮮奶油餡款

INGREDIENTS

千層麵皮
抹茶千層麵皮（→ P78）

POINT
趁巧克力還溫熱時立即淋
上，動作要迅速、一次完
成，避免重複操作會有厚度
不均的情形，影響外觀。

夾層內餡
抹茶奶油餡（→ P78）
或卡士達鮮奶油（→ P27）

表面用
抹茶粉、深黑巧克力
紫金巧克力豆（→ P60）

HOW TO MAKE

製作麵皮

01 千層麵皮的製作參
見P18-25，煎成餅皮，
6寸，約23片。

製作內餡

02 抹茶奶油餡的製作
參見「極上抹茶千層」
P78。

POINT
也可用卡士達鮮奶油餡來
製作參見P27。

抹餡組合

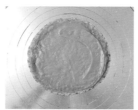

03 一層餅皮、一層抹
茶奶油餡（約30g），
重複動作至全部疊完，
約22層，輕壓塑整圓弧
邊。用保鮮膜封好、冷
藏。

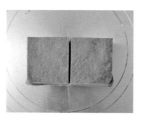

04 將抹茶千層先裁切
除四邊成方形，再分切
裁成小方塊狀（也可將餅
皮先裁成方形小片，再層
層抹餡堆疊成型）。

裝飾完成

05 深黑巧克力隔水融
化。

06 將定型的千層隔著
網架，底部放容器，再
倒入融化巧克力做淋面
披覆，待稍凝固。

07 表面覆蓋上三角
紙，在對側一角上篩灑
上抹茶粉，中間處擺放
上紫金巧克力豆點綴。

Mini Mille
Crepe Cake

疊層結構：5 片為組

<u>RECIPE 40</u> **迷你千層蛋糕卷**

裁成長片層疊捲入滿滿卡士達餡，
法式千層薄餅就是具有自由變化的樂趣，
用簡單的創意就能變化出驚喜的口味與美麗的外型。

INGREDIENTS

千層麵皮

原味千層麵皮（→ P18）

夾層內餡

Ⓐ 咖啡奶油餡（→ P60）
Ⓑ 草莓

表面用

藍莓
開心果碎粒
乾燥草莓碎粒
防潮糖粉

HOW TO MAKE

製作麵皮

01 千層麵皮的製作參見P18-25，煎成餅皮。6寸，約10片。

製作內餡

02 咖啡奶油餡的製作參見「魔幻歐蕾千層」P60。

抹餡組合

03 將千層餅皮整齊疊放，裁切除兩側弧邊，成長條片狀。

04 將麵皮以5片為組、側邊稍銜接交疊拼接成長條形，均勻抹上咖啡奶油餡。

05 草莓切除底部削平，用餐巾紙拭乾多餘水分。

← 預留

06 以3顆為組，整齊擺放餅皮一側（預留餅皮尾端），並擠上咖啡奶油餡填滿縫隙處。

07 將餅皮掀起輕覆蓋、稍按壓密合，再如同捲製蛋糕卷般捲起至底。用保鮮膜封好、冷藏。

裝飾完成

08 將千層蛋糕卷對切成二，表面篩灑糖粉，擠上咖啡奶油餡，擺放藍莓、開心果碎粒、乾燥草莓碎粒裝飾。

Hazelnut Custard
Mille Crepe Cake

疊層結構：3 片為組

RECIPE 41　日式毛巾千層卷

顛覆傳統千層的想像，捲起來的毛巾千層，
塗抹上內餡就能完成，簡易又可愛，
層次分明，柔嫩絲滑的內餡滋味絕美。

INGREDIENTS

千層麵皮

可可千層麵皮 6 片
抹茶千層麵皮 6 片

榛果卡士達奶油餡

Ⓐ 鮮奶 400g
　香草莢 1 支
　細砂糖 52g
Ⓑ 蛋黃 96g
　細砂糖 48g
　卡士達粉 36g
Ⓒ 市售榛果醬 200g
Ⓓ 焦糖堅果碎（→ P102）

HOW TO MAKE

製作麵皮

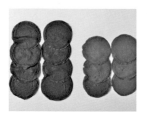

01 千層麵皮的製作參見P66、P41，6寸，抹茶、可可各約6片。

製作內餡

02 香草莢剖開、用刀背刮取香草籽。將香草莢、香草籽與材料Ⓐ放入鍋中，用中大火加熱煮至沸騰，取出香草莢。

03 將材料Ⓑ攪拌混合均勻，再將作法②分次加入攪拌混合。

04 用小火回煮，邊攪拌混合邊煮至沸騰呈濃稠狀、亮澤滑潤狀態，倒入盛皿中攤平，表面覆蓋保鮮膜，冷藏。再與榛果醬輕拌混勻即可。

抹餡組合

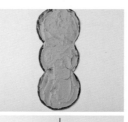

05 焦糖堅果碎的製作參見P102。

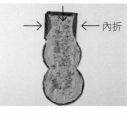

← 內折

06 將可可、抹茶麵皮以3片為組、稍重疊拼接，均勻抹上榛果卡士達奶油餡，均勻撒上焦糖堅果碎。

07 將短邊的圓弧側邊稍往內折，長邊上、下圓弧側邊往內稍折疊。

08 再由短側邊以如同捲製蛋糕的方式捲起成圓筒狀。用保鮮膜封好、冷藏。

POINT
在開始捲起時，要紮實地的捲入，這樣形狀才能緊實較不會崩散。

裝飾完成

09 表面分別篩灑可可、抹茶粉裝飾，用麻繩及包裝紙綁好裝飾。

Leopard Print
Mille Crepe Cake

疊層結構：22 階層

<u>RECIPE 42</u> 摩登豹紋千層

利用深淺色的可可粉搭配，篩粉打底，
透過斑點的飾片造型模，裝點出豹紋花飾，
簡單的作法就能提升整體的層次質感。

INGREDIENTS

千層麵皮

可可千層麵皮 23 片
（→ P66）

巧克力香緹

動物性鮮奶油 750g
58.5% 喜夢深黑巧克力 400g
細砂糖 75g
吉利丁片 15g

表面用

深黑可可粉、可可粉

POINT
利用深、淺色澤營造出漸層色的紋飾，也可黑、可可色、白搭配，或做三色豹紋裝飾。

HOW TO MAKE

製作麵皮

01 千層麵皮的製作參見P66-67，煎成餅皮。6寸，約23片。

製作內餡

02 將巧克力、鮮奶油隔水加熱融化，加入細砂糖、浸泡軟化的吉利丁攪拌至融化，冷藏靜置1天，攪拌打發後使用。

抹餡組合

03 一層餅皮、一層巧克力香緹餡（約30g）。

04 一層餅皮抹上一層巧克力香緹餡，重複動作至全部疊完，約22層。

05 輕壓塑整圓弧邊。用保鮮膜封好、冷藏。

裝飾完成

06 在表面先篩灑一層深黑可可粉打底均勻，鋪放上豹紋圖樣紙型，篩灑可可粉做出豹紋花飾。

POINT
可利用轉印紙型來替代模型使用，相當方便。

07 輕輕移除圖樣紙型即成豹紋裝飾。

POINT
以手指輕敲網篩邊緣慢慢篩灑糖粉，注意不要篩太多太厚。拿取紙型時動作要輕柔。

Totoro Mille
Crepe Cake

疊層結構：22 階層

RECIPE 43　**多多洛造型千層**

有著可愛外型的多多洛千層，
是以基本手法，加點想像的造型延伸；
運用想像，把喜愛的造型融入好吃的千層蛋糕裡。

INGREDIENTS

千層麵皮
蝶豆花千層皮 23 片（→ P46）

夾層內餡
卡士達鮮奶油（→ P27）

表面用
防潮糖粉、深黑可可粉
深黑巧克力、翻糖

HOW TO MAKE

製作麵皮

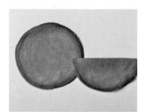

01 千層麵皮的製作參見P46，煎成餅皮。6寸，約23片。

製作內餡

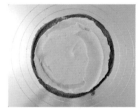

02 卡士達鮮奶油的製作參見P27。

抹餡組合

03 一層餅皮、一層卡士達鮮奶油（約30g）。

04 一層餅皮抹上卡士達鮮奶油，重複動作直至全部疊完，約22層。輕壓塑整圓弧邊。用保鮮膜封好、冷藏。

裝飾完成

05 防潮糖粉、深黑可可粉充分混合調勻成灰黑色。將千層裁切成8等份，表面均勻篩灑上調勻糖粉。

06 裁剪出紙型覆蓋表面，在底部處分別篩灑糖粉，做出圓弧肚子。

07 深黑巧克力隔水加熱融化。用翻糖做出眼白。三角尖端處下放上2個小圓翻糖做眼睛，待稍乾，擠上黑巧克力做眼珠。

08 在白色腹部上擠上倒V造型。臉部擠上鬍鬚、鼻子即成。

Apple Rose Mille Crepe Cake

疊層結構：4 小方片為組

RECIPE 44　蜜蘋花冠千層

蘋果去芯切成薄片，糖漬成柔軟的蘋果片，
捲成浪漫的蘋果花，柔軟的薄餅、香甜內餡，
多層次口感美味又浪漫，純粹的法式優雅，蘋果花冠！

INGREDIENTS

千層麵皮

藍莓千層麵皮 12 片（→ P43）

POINT

千層麵皮現煎現使用，可利於整型的操作，也較不會有裂開的情形。

蘋果挑選外皮艷紅，成型的花朵型色澤會較美觀。蘋果片浸泡糖水，除了致使軟化好操作外，也可避免蘋果氧化產生的褐變。

十勝焦糖香緹

十勝鮮奶油 600g

十勝焦糖醬 180g

表面用

蘋果片

銀珠糖、鏡面果膠

HOW TO MAKE

製作麵皮

01 千層麵皮的製作參見P43。將千層麵皮裁切成方片狀，4片為組抹上內餡拼接。

製作內餡

02 將焦糖醬、鮮奶油先拌勻，密封冷藏，待使用時直接攪拌打發。製作參見P95。

蜜煮蘋果片

03 水、細砂糖（約100g：80g）加熱煮至糖融化、沸騰。

04 將蘋果去除果籽，切成厚度一致薄片，趁糖水還溫熱放入浸泡至果肉軟化，瀝乾水分，並用餐巾紙拭乾水分。

抹餡組合

05 將蘋果片果肉朝內、果皮朝外，一片一片稍重疊鋪放千層麵皮的頂部長邊端（約1/2高處）。

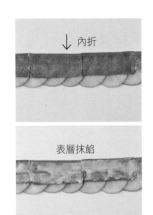

↓ 內折

表層抹餡

06 將底部麵皮朝上輕輕折疊、覆蓋住蘋果片，並在麵皮表面薄抹內餡。

07 從一側開始順勢往另一側捲起至底，成花朵型。用保鮮膜封好、冷藏。

裝飾完成

08 蘋果片蘋刷鏡面果膠，用彩色糖珠點綴即成。

Bacon Mille
Crepe Cake

疊層結構：22 階層（餅皮 - 內餡 - 培根）

<u>RECIPE 44</u> **培 根 法 式 千 層**

煸出培根香氣做成鹹香滋味的夾層，

鹹口味＋滿滿香氣，絕妙組合令人上癮。

起司麵皮

Ⓐ 全蛋 220g
　 細砂糖 30g
　 鹽 2g
Ⓑ 融化奶油 40g
　 鮮奶 460g
　 起司粉 20g
　 低筋麵粉 160g

夾層內餡

Ⓐ 馬斯卡彭乳酪餡
　 馬斯卡彭 500g
　 鹽 3g
　 鮮奶油 150g
Ⓑ 培根餡
　 培根丁 220g

HOW TO MAKE

製作麵皮

01 千層麵皮的製作參見P18-25。6寸，約23片。

製作內餡

02 馬斯卡彭打鬆軟，加入鹽拌勻，加入鮮奶油攪拌打發即可。

03 培根切小片狀，放入鍋中煸炒至上色、香味逸出，盛起。

抹餡組合

04 一層餅皮、一層馬斯卡彭餡（約30g）、一層培根丁（約10g）。

05 餅皮、馬斯卡彭餡、培根丁，重複動作直至全部疊完，約22層，輕壓塑整圓弧邊。用保鮮膜封好、冷藏。

POINT
完成的千層可先用保鮮膜覆蓋封好，冷藏待定型後再食用，風味佳。

豐富口感層次的 手作用料

千層不單只能是餅皮與內餡的層層堆疊而已，利用蛋糕體、水果庫利等手作用料組合搭配，更能營造出多變化的口感，提升口感層次，讓千層更加豐富美味。

香草戚風蛋糕

材料：8寸／1個
Ⓐ 蛋白166g
　 細砂糖70g
Ⓑ 蛋黃76g
　 細砂糖6g
　 沙拉油55g
　 鮮奶36g
　 低筋麵粉97g
　 泡打粉2g

作法：
① 將沙拉油、鮮奶、細砂糖混合拌勻，加入蛋黃拌勻，再加入混合過篩的粉類拌勻。
② 蛋白、細砂糖攪拌打至成8分發泡狀態，分次加入作法①中輕拌混合。
③ 將拌勻的麵糊倒入模型中、抹平，以上火165℃／下火165℃，烤約30分鐘。

黑醋栗庫利

材料：
黑醋栗果泥500g
細砂糖150g
葡萄糖漿25g
吉利丁片16g

作法：將果泥、細砂糖、葡萄糖漿加熱煮沸，待降溫至60℃，加入浸泡軟化的吉利丁拌至融化，冷凍定型即可。

POINT
也可以將黑醋栗果泥換成等量的覆盆子果泥，製作成覆盆子庫利。

烏龍茶凍

材料：
水750g
細砂糖75g
烏龍茶1包（約5g）
吉利丁片22g

作法：將細砂糖、水、烏龍茶包加熱煮沸，瀝取出茶包，待降溫至60℃，加入浸泡軟化的吉利丁拌至融化，冷凍定型。

4

5

6

葡萄柚戚風蛋糕

材料：8寸／1個
Ⓐ 蛋白166g
　　細砂糖69g
Ⓑ 蛋黃76g
　　細砂糖7g
　　葡萄柚醬料27g
　　低筋麵粉96g
　　泡打粉2g
　　沙拉油55g
　　鮮奶37g
　　蔓越莓粉3g
　　（或食用紅色水3g）

作法：
① 將沙拉油、鮮奶、細砂糖先
　混合拌勻。
② 接著加入蛋黃、葡萄柚醬料
　拌勻，加入混合過篩的低筋
　麵粉、蔓越莓粉、泡打粉拌
　勻。
③ 蛋白、細砂糖攪拌打至成8分
　發泡狀態，分次加入作法②
　中輕拌混合。
④ 將拌勻的麵糊倒入模型中、
　抹平，以上火165℃／下火
　165℃，烤約30分鐘。

抹茶戚風蛋糕

材料：8寸／1個
Ⓐ 蛋白144g
　　細砂糖60g
Ⓑ 蛋黃66g
　　細砂糖29g
　　沙拉油48g
　　鮮奶36g
　　抹茶粉5g
　　低筋麵粉84g
　　泡打粉2g

作法：
① 將鮮奶、沙拉油、抹茶粉、
　細砂糖混合拌勻加熱至微溫
　（80℃）。
② 加入蛋黃拌勻，加入混合過
　篩的低筋麵粉、泡打粉拌
　勻。
③ 蛋白、細砂糖攪拌打至成8分
　發泡狀態，分次加入作法②
　中輕拌混合。
④ 將拌勻的麵糊倒入模型中、
　抹平，以上火165℃／下火
　165℃，烤約30分鐘。

巧克力戚風蛋糕

材料：8寸／1個
Ⓐ 蛋白216g
　　細砂糖90g
Ⓑ 蛋黃100g
　　細砂糖44g
　　沙拉油72g
　　鮮奶54g
　　大輝可可粉8g
　　低筋麵粉126g
　　泡打粉1g

作法：
① 將鮮奶、沙拉油、可可粉、
　細砂糖混合拌勻加熱至微溫
　（90℃）。
② 加入蛋黃拌勻，再加入混合
　過篩的麵粉、泡打粉拌勻。
③ 蛋白、細砂糖攪拌打至成8分
　濕性發泡狀態，分次加入作
　法②中輕拌混合。
④ 將拌勻的麵糊倒入模型中、
　抹平，以上火170℃／下火
　170℃，烤約32分鐘。

烘焙職人系列 17

鄭清松
手作法式千層蛋糕

作　　　者／鄭清松
責任編輯／潘玉女
業務經理／羅越華
行銷經理／王維君
總 編 輯／林小鈴
發 行 人／何飛鵬
出　　版／原水文化
　　　　　　台北市民生東路二段 141 號 8 樓
　　　　　　電話：(02) 2500-7008　傳真：(02) 2502-7676
　　　　　　E-mail：H2O@cite.com.tw 部落格：http://citeh2o.pixnet.net/blog/
發　　　行／英屬蓋曼群島商家庭傳媒股份有限公司城邦分公司
　　　　　　台北市中山區民生東路二段 141 號 11 樓
　　　　　　書虫客服服務專線：02-25007718；25007719
　　　　　　24 小時傳真專線：02-25001990；25001991
　　　　　　服務時間：週一至週五上午 09:30 ～ 12:00；下午 13:30 ～ 17:00
　　　　　　讀者服務信箱：service@readingclub.com.tw
劃撥帳號／19863813；戶名：書虫股份有限公司
香港發行／城邦（香港）出版集團有限公司
　　　　　　香港灣仔駱克道 193 號東超商業中心 1 樓
　　　　　　電話：(852)2508-6231　傳真：(852)2578-9337
　　　　　　電郵：hkcite@biznetvigator.com
馬新發行／城邦（馬新）出版集團
　　　　　　41, Jalan Radin Anum, Bandar Baru Sri Petaling,
　　　　　　57000 Kuala Lumpur, Malaysia.
　　　　　　電話：(603) 90563833　傳真：(603) 90576622
　　　　　　電郵：services@cite.my

美術設計／陳育彤
攝　　　影／周禎和
製版印刷／卡樂彩色製版印刷有限公司
初　　　版／2023 年 5 月 18 日
定　　　價／550 元

ISBN ／ 978-626-7268-34-6(平裝)

國家圖書館出版品預行編目資料

鄭清松 手作法式千層蛋糕 / 鄭清松著 . -- 初
版 . -- 臺北市 : 原水文化出版 : 英屬蓋曼群島
商家庭傳媒股份有限公司城邦分公司發行 ,
2023.05
　面；　公分 . -- (烘焙職人系列；17)
ISBN 978-626-7268-34-6(平裝)
1.CST: 點心食譜
427.16　　　　　　　　　112006654

城邦讀書花園
www.cite.com.tw